张号平

25.8.10

人工智能的边界

张军平 ——— 著

罗 棘 ——— 绘

C'S K 湖南科学技术出版社 · 长沙

自 2012 年以来，人工智能领域进入了第三次热潮。在学术界和企业界的共同推动下，深度模型、高质量数据、强算力三方面都有重要突破，并推动大量产品级的应用落地，从高铁、机场等随处可见的人脸识别系统，到阿尔法 (Alpha) 系列对围棋、蛋白质结构预测的颠覆性成果，到人工智能内容生成 (AIGC) 在图像视频音频等多媒体领域的惊艳表现，再到智能辅助驾驶在车辆上的广泛使用，人工智能应用几乎无处不在。

而 2023 年初 OpenAI 公司 ChatGPT 的出现，也让人类领略了大语言模型在推理能力方面的强悍表现，全世界旋即进入了百模、千模大战的时代。国外 OpenAI 公司的 ChatGPT、Anthropic 公司的 Claude、Meta 公司的 Llama、xAI 公司的 Grok 系列等，以及国内百度的文心一言、阿里的通义千问、字节的豆包、月之暗面的 Kimi 等纷纷亮相，你追我赶，不断刷新各种大模型的性能评价榜单。而 2024 年春节前后，由私募巨头幻方量化孕育而生的深度求索人工智能基础技术有限公司开发的 DeepSeek 正式踏入大众视野，更是为这场大模型的"军备竞赛"打了一剂强心针。因为具有显卡需求小、开源、易于部署、推理能力强、本土化特色鲜明、有幽默感等特点，DeepSeek 迅速吸引了国内外的关注，也让国人首次实现了人工智能大模型的超大范围布置。

显然，通过赋能各行各业，人工智能正在颠覆传统的科学研究方式，将科学研究从传统的四个范式（经验科学、理论科学、数值计算、机器学习）转为 AI4S(AI for Science) 的第五范式，即通过人工智能进行大量仿真实验，筛选出重要结论，再进行实际验证的模式。在此范式下，科学研究能够节省大量的时间和经济成本，加速人类发现重大科学规律的进程。正是在此背景下，2024 年诺贝尔物理学奖和化学奖被授予五位人工智能领域的学者。

虽然人工智能无处不在，但值得注意的是，即使通用人工智能(AGI) 仿佛曙光近在眼前，我们也需要保持清醒的头脑，时刻意识到人工智能并非无所不能。

从人工智能发展近 100 年的尺度来看，自 1936 年图灵机的出现至今，人工智能经历过多次低谷和寒冬。究其原因，多是因为人工智能学者过高估计了当时发展的潜力和速度。而现在这个阶段，人工智能似乎又有类似的、过于乐观的迹象。再加上现今自媒体相当发达，一些伪人工智能博主的"科普"有可能会起到火上浇油的副作用，让大众对人工智能的前景产生错误判断。事实上，人工智能还存在诸多不足，不少问题可能短期内还找不到解决甚至切入的途径。因此，有必要撰写一本能全面反映人工智能现状、不足与未来的科普书籍，有助于每一位不想被人工智能替代的人，对人工智能感兴趣的读者，以及相关的科研工作者，对人工智能有更为清晰的认识和判断。

《人工智能的边界》正是在此背景下完成的。张军平教授长期从事人工智能科普研究。他之前撰写的《爱犯错的智能体》和《人工智能极简史》都很好地科普了人工智能的历史与不足。他也通过短视频、科普短文进行了大量的人工智能科普，取得了不错的影响力。

而本书中，张军平从人工智能的无处不在着手，详细讲述了人工智能在 15 个基础学科的应用情况，也提及在多个实际应用案例中的具体策略，并涉及了一些意想不到的有趣应用。这能让读者更为完整地了解人工智能的作用。同时，他又对人工智能的不足进行了详尽且全面的剖析，既有对一些常见问题和现实问题的思考，又有从更为理性和学术层面的思考。这能让读者清晰地认识到人工智能的发展并非一蹴而就，通用人工智能、强人工智能的到来尚需时日。最后，他也对人工智能的未来进行了有意义的展望。这一部分不仅考虑了人工智能对行业的全方位渗入，也考虑了人工智能替代一些行业后可能产生的问题，以及可能新生的行业等。他还对人机之间的关系，如人工智能会不会取代人类，人类如何智斗人工智能等展开了有深度、有想法、多侧面的分析。

我相信，阅读本书能为对人工智能感兴趣的读者以及人工智能科研工作者释疑解惑，帮助大家准确、全面地了解人工智能。我也希望，有些读者在阅读完此书后，有兴趣和志愿投入到人工智能的科研中或走上人工智能的从业道路，为人工智能的良序发展奉献自己的智慧与力量。

柴洪峰

中国工程院院士

前　言

　　说实话，本来我并没有打算写这本书，因为这是之前与出版社合作撰写《人工智能极简史》时的一个附加任务，最开始的目标是介绍人工智能（Artificial Intelligence，AI）的应用。以我的理解，它只要将一些现成的知识点呈现出来即可，似乎缺乏能展现作者个人思想的空间。所以，我优先考虑的是我另外两本想写的书，一本也是人工智能科普，一本是挑战我想象力的科幻小说。

　　可是有一天在跑步的路上，我突然发现，人工智能应用这个话题并不一定会写得很枯燥和平淡。相反，它甚至可能成为审视人工智能的一个不错的切入点。

　　回想我读大学的时候，自动化专业被视为"万金油"专业，到哪里都能用得上。而如今在这个人工智能迅猛发展的时代，人工智能成了新兴的"万金油"专业，虽然它的历史并不短，粗略算来也有近百年了。

从 1936 年人工智能之父图灵提出图灵机开始，我们见证了人工智能逐渐升级换代，依次战胜了跳棋、国际象棋、围棋的人类顶尖高手。人工智能技术也已渗透到日常生活的方方面面，刷脸智能支付、乘车智能安检等应用随处可见，各种智能体也似乎成了人工智能发展的新方向。

人工智能的飞速发展让一些人乐观地以为，我们也许离完全读懂生命中的智能只有一步之遥。这种乐观情绪如同其他学科曾出现过的"数学的终结"和 19 世纪末"物理世界仅存的两朵乌云"一样，认为只要把细枝末节的问题解决掉，就能进入全新的人工智能时代。然而，这看似一步之遥的距离，也许要跨越的是人工智能与真正智能之间的巨大鸿沟。

尽管对于生命中的智能，凡属能够量化、能编成程序的，我们都已经尽所能让人工智能在某一性能上接近甚至超越了人类。然而，对于那些无法量化、无法用现有书本中的理论程序化或形式化的智能，人类对这些智能的理解目前还很有限。哪怕是人类那不假思索、快步如飞的走路方式，我们还不完全明白究竟，更不用说情感、共情和其他常识智能了。

我们也需要清醒地认识到，自然界演化出来的智能异常精妙、复杂。在参悟、模仿智能的同时，我们也应小心谨慎，学会尊重自然，避免将人工智能的研究引入自毁人类或有悖伦理的失控地步。

因此，从无处不在的人工智能应用谈起，再讨论其存在的不足，质疑它的无所不能，继而展望它的未来，一个好的科普书结构——人工智能的应用、极限与未来，就基本成型了。

但要写好一本书，光有冲动不行，还要有行动，缺乏足够的执行力和不计成本的时间投入，就只能让它停在脑海里，遥遥无期。2024 年 4 月中旬，我便开始本书的撰写，历时半年，终于形成 10 万余字的雏形。再根据人工智能这一年的新变化，对全书进行了微调，终成此稿。

《人工智能的边界》共分为三个部分。第一部分介绍人工智能的应用，第二部分讨论人工智能存在的不足，第三部分展望人工智能的未来。

应用部分又分成三个小块，分别介绍基础学科与人工智能的关系、实际应用以及意想不到的应用。第一小块分析了人工智能对 15 个基础学科的影响，包括数学、物理、化学、生物、医学等。这么介绍的原因是人工智能已经无处不在，它对各个专业都有或多或少的影响。那么，不同专业的人士可以通过本书了解人工智能是如何应用于具体专业的，而尚未进入相关专业、还在选择期的同学以及正在帮助他们做选择的家长们也可以通过这一块的内容了解人工智能的影响。第二小块实际应用涉及的内容，既有大家较熟悉的，也有相对新颖的，如短视频直播领域中的人工智能应用。第三块介绍了一些意想不到的人工智能应用，主要涉及一些有潜在市场价值的应用。

第二部分讨论了人工智能的不足之处。我从情感、自主发育、急智智能等 10 个方面做了分析。既有经典的不足问题，也有现阶段大模型盛行下新观察到的问题。我还将人工智能领域的一本经典著作——德雷福斯在 20 世纪 70 年代撰写的《计算机不能做什么》里的四个断言，结合现阶段人工智能的发展情况重新做了分析。希望通过这一部分的阐述，读者可以更为理性客观地看待人工智能。其中第 8 节和第 9 节对专业知识要求略高，读者可以根据自身情况选择跳过，这不会影响对全书的阅读。

第三部分展望了人工智能与人类共存的未来。这部分主要是我的一些思考，包括人工智能在技术层面上会如何发展、它对人类行业的影响、它对我们生活的影响、我们如何与之共存，又如何不被其过度影响，以及如何发挥我们的优势等。

虽然写这本书的时间不长，但绝对投入的时间并不短。从书的内容来看，也并非东拼西凑。首先，本书的内容涉及的知识点非常广泛，需要一定的积累。幸运的是，在 20 年来从事人工智能的科研过程中，我接触过各种各样的项目，主持过 5 个国家自然科学基金、1 个科技部重点研究发展计划子课题、1 个教育部规划项目和 1 个上海市重点项目子课题；作为骨干参加过 1 个国家自然科学基金重点项目、1 个国家重点基础研究发展计划（973 项目）、1 个上海市重大项目，同时还主持过一些与企业合作的项目。我们也发表了不少与人工智能及应用密切相关的论文，比如与上海中心气象台合作的气象研究、我们实验室主攻的医疗图像方向和生物认证方向，以及与复旦大学物理系老师合作的物理相关研究等。我们实验室几乎在全部人工智能领域认可的顶级会议，如神经信息处理系统大会（NeurIPs）、国际机器学习大会（ICML）、国际学习表征会议（ICLR）、计算机视觉与模式识别会议（CVPR）、国际人工智能联合会议（IJCAI）等，以及模式识别与机器智能领域最有名的期刊《IEEE 模式分析与机器智能汇刊》（*IEEE TPAMI*）上，均发表了大量论文。我也经常参加国内外的人工智能会议，与会上的专家们进行深入交流，对人工智能的新认识、新进展及存在的问题都有所了解。我的实验室也定期有讨论班，我和学生们都会跟踪前沿进展，阅读大量人工智能相关的重要期刊或会议论文，并讨论其中的优势与不足。这些积累，都被我融会贯通到本书中，确保本书内容与时俱进。

其次，这本书的定位是科普书而不是教材，在写作手法和知识表述上不能完全从专业人员的角度来介绍。在撰写此书之前，我已经写过《爱犯错的智能体》和《人工智能极简史》两本科普书。承蒙大家的厚爱，反响还不错。第一本于 2020 年获得中国科普作家协会第六届优秀科普作品奖金奖，这是中国科普创作领域的最高荣誉。该书还被选入 2023 年上海春季高考语文卷的阅读题，分值高达 16 分。第二本书于 2024 年入选第十九届文津图书奖科普类提名图书、科技部全国优秀科普作品以及中国好书·六一专榜。有了之前写科普书的经验，这本书写起来就相对顺手一点，我也知道如何从科普的角度来介绍人工智能知识。

第三，写书需要严谨的逻辑。这一点，我通过近二十年在人工智能科研一线的工作经历，尤其是科技论文撰写的经验，帮助我在这块得到了较好的完善。而当一本书是一位作者独立来写的时候，逻辑的把控往往相对更合理、紧凑，不容易松散。

第四，因为本书涉及的专业多，我也请教了不少在相关专业或方向上更为专业的人士，以避免出现不必要的问题。在此一并致谢。感谢我的学生张政锋、李子龙、陈捷、谷心洋，他们分别在强化学习与量子算法、频谱图的生成与重构、图网络、人形机器人的液压与电机驱动差异性方面提出了建议。感谢西安理工大学孙强老师对本书部分内容的建议和指正。感谢腾讯音乐天琴实验室高级研究员的江益靓在歌声合成方面的指正，以及上海中心气象台陈磊对气象预报描述的修正。同时也感谢《最强大脑》的队长王峰、复旦大学生命科学学院俞洪波教授、于玉国教授，对我们2019年一起做的一次关于大脑记忆的讲座里的内容的许可使用。我也要感谢湖南科学技术出版社的邹莉主任对本书出版的推进和帮助。

另外，书里有不少相对专业的人工智能术语。为了避免干扰读者的阅读，我特意做了一个附录，对百余个术语做了相对基础的解释，以便读者更好地理解书中的内容，读者也就基本不用专门到网上去搜索了解。

尽管如此，也难免会有百密一疏之处，我的知识面也不见得能涵盖所有细节，可能还会有表达不准确、打印错误的问题。如发现，还请见谅并告知，我将在后续的版本中予以更正。

最后说下本书的读者适用群体，以我个人的理解，它适合以下三类群体：对高考专业选择存在困惑的家长和同学，可以通过本书了解人工智能对各专业的影响，以及未来专业可能的走向；人工智能爱好者，可以通过本书了解人工智能的应用领域，以及一些值得借鉴的技术思路；人工智能科研工作者，可以从本书中找到相对严肃的观点和看法，以及从人工智能的不足中找到可能的突破口。

第一部分

人工智能能做什么

Chapter One

人工智能能够赋能哪些领域？本部分从十五个基础学科、实际应用和意想不到的应用三大块，详细阐述了人工智能的理论与算法在众多领域的使用，以及人工智能赋能时采用的不同策略，旨在帮助读者全面了解人工智能无处不在的能力表现。

1　人工智能与基础学科

　　人工智能对基础学科的赋能由来已久，几乎伴随着人工智能的整个发展过程。因为人工智能最初的想法是构造与人类智能相当的智能体，所以从基础学科的各个分支入手是最自然的路径。自 1936 年"人工智能之父"图灵提出第一个模拟人类思维的"图灵机"概念开始，在这近百年的时间里，基础学科确确实实受到了人工智能的影响。人工智能辅助着基础学科的发展，人工智能的发展也离不开基础学科的帮助，二者相辅相成。这一部分里，我将分学科介绍人工智能如何应用于各个基础学科以及它在这些领域的相关成就。

数学：明知证明难，人工智能偏爱玩

　　作为基础学科中的基石，数学是人工智能学习中最核心的内容。人工智能需要的计算、优化、数据分析、建模等都离不

开数学的支撑，很多难点问题的解决甚至需要学习研究生阶段的高阶数学知识。而人工智能的发展，可以反哺数学的研究。

例如，在数学定理证明方面，因为过分的抽象，对人类来说，证明一个定理是一件让人挺头痛的事。在证明过程中，往往需要考虑各种可能的技巧，比如放缩法、反证法、归纳法、演绎法和逆推法等。更复杂的数学定理证明，则可能在寻找证明的线索上还需要一点点的灵感和运气。以 1637 年法国学者费马提出的费马大定理为例，为了展示自己的数学天赋，费马在其书上写到，他发现了一个美妙的证法，但因为书上留的空白太少，就没写下具体过程。结果这一定理的证明花了数学家们近 260 年的时间，直到 1994 年才被英国数学家安德鲁·怀尔斯等人证明。

显然，如果人工智能能帮助证明，或者证明一部分，那么各类定理的证明时间自然会缩短，证明的效率也会显著提升。

所以，数学定理自动证明成了人工智能最早涉足的领域之一。1956 年，纽厄尔（Newell）、西蒙（Simon）等推出了一个"逻辑学家"的程序，证明了罗素、怀德海撰写的《数学原理》中的 38 条数学定理，开启了人工智能在数学定理证明领域的探索之旅。1960 年，美籍华裔王浩在 IBM704 计算机上证明了《数学原理》中的 220 条定理。20 世纪 70 年代后期，我国人工智能学者、数学家吴文俊院士借鉴中国古代数学思想，提出了一种创新的算法——"吴方法"，利用计算机自动证明几何定理，形成了独特的"数学机械化"证明体系。

2024 年，号称智商 160 的菲尔兹奖得主、华裔数学家陶哲轩，利用 LEAN 定理证明器（Lean theorem prover）尝试证明多项式定理。他发现证明步骤可以被人工智能算法描述成图的形式。图由不同颜色的框和连接的线条组成，如绿框表明该证明步骤已经完成，白框表示尚未完成，线条则揭示了证明步骤间的关系。通过这样的构图，就可以将复杂的数学证明结构化，让证明变得有迹可循。

陶哲轩推测，未来的人工智能可以帮助人类解决许多难题的证明。但由于其解题逻辑不同于人类，数学家需要做的事可能会变成先理解计算机的证明过程，再将其转化为人类可理解的语言，最后写成论文发表。他还认为，在数学领域人工智能要较好地发挥作用，需要有一套能让数学家和人工智能都方便理解和使用的算法。

在他讲完这些话不到一年，2024 年 7 月，谷歌就采用 Lean 的架构，通过引入 AlphaGO 下围棋曾使用的深度学习技术，提出了针对数学的推理模型 AlphaProof 和解决更具挑战性的几何问题的模型 AlphaGeometry2。据报道，AlphaProof 已经在国际数学奥林匹克竞赛（IMO）上获得银牌的成绩。这表明，人工智能在数学定理证明方向上已经有了大幅的进步。

除了数学定理自动证明以外，人工智能也帮助发展和改良了不少相关的数学工具，如帮助快速求解数学问题的 Maple 软件、计算繁琐公式的 Mathematica 软件、统计分析软件 Splus 和 SPSS 等。

从人工智能的角度来看，它对数学研究也有着更深层次的促进作用。比如，对普通人来说，我们在高等数学里见到的很多公式都是通过各种数学技巧简化而来的。简化的目的是让人类更加简洁明了地理解公式或规律里的结论，只需用到少量参数即可，就如阿尔伯特·爱因斯坦提出的质能方程 $E=mc^2$ 那样简洁直观。但这种简化往往会牺牲不少可以帮助改进模型性能的参数信息。当人工智能面临实际的问题时，由于数据是有噪的，按简化模型来学习和预测实际问题的规律时，有可能得不到令人满意的性能提升。在不简化模型的情况下，人工智能却有可能在保留足够多干扰因素的前提下，通过设计更为复杂的学习模型，实现比传统数学模型更为精准的预测，并发现更为复杂的数学规律。尽管其模型可能会缺乏明确的公式表达形式，但在实际应用中的效果却可能更加出色。

长远来看，人工智能与数学之间必然是双向促进的良性循环。数学前沿领域的进展今后仍将持续为人工智能提供坚实的理论支撑，人工智能也会赋能数学，在复杂问题上形成更有效的解决方案，帮助数学科研人员提高科研的效率和增加成果的产出。

物理：不管宏观微观宇宙观，人工智能强"三观"

与数学学科培养严密的逻辑思维不同，物理学更侧重于培养直觉，很多重大物理发现是直觉先行，随后再进行实验验证。比如狭义相对论，爱因斯坦就是基于光速不变原理和相对性原理，靠直觉提出的。而直觉思维，对于发现人工智能里的新问题和新方法都非常有用。

物理是一门知识面非常宽泛的学科，例如大学物理这门基础课，其内容涵盖了从经典力学到热力学，从光学到电磁学，再到量子理论等多个分支。和其他基础学科的课程相比，如果教授全套大学物理，老师要懂的物理基础往往要多好几倍。

而人工智能在物理学科中能切入的方向也相当多。这里举两个例子来说明。

一是引力波的发现。引力波是时空弯曲中的涟漪，它会像水波一样从辐射源向外传播，同时会以引力辐射的形式传播能量。引力波是爱因斯坦在 1916 年基于广义相对论预言的。对引力波的研究有助于获得前所未有的天文学发现。为了证实引力波的存在，2015 年美国激光干涉仪引力波天文台（Laser Interferometer Gravitational-wave Observatory，简称 LIGO）启动了对引力波的探测工作。

然而，产生引力波的源距离地球非常遥远，即使最强的引力波到达地球后能产生的变化也极其微小，加上还受到宇宙背景噪声和仪器噪声的影响，从其中寻找引力波的难度极高。于是，人工智能算法被用于去除引力波探测数据里的噪声和分辨不同类型的引力波。比如采用经典的机器学习方法，包括能帮助区分噪声和引力波的支持向量机模型、通过"集思广益"来提高预测性能的集成技术（如随机森林方法）等，还有利用模仿大脑的深度网络模型来区分超新星坍缩时的爆发引力波和自旋中子星的连续引力波。这些人工智能算法可以提高引力波数据的分析质量，减少采集数据时的噪声干扰。这可以看成是人工智能在基础物理学方面有意义的尝试。

另一个例子与量子计算有关。我国的量子计算领域一直在国际上保持竞争优势，近年来在某些方向上我国甚至还拥有"量子霸权"，即领先位置。量子计算的一个特点是速度快，且理论上能突破传统计算机对摩尔定律的限制。现有的冯·诺依曼架构的计算机，芯片主流制程已经达到 5 纳米级别（截至2025 年 7 月）。如果继续提高密度，单位面积内的元器件数量会进一步增加，但随之产生的热量也会增加。由于无法解决散热问题，最终会出现摩尔定律预言的性能瓶颈。而量子计算机的结构使得其不会出现散热问题，因此能大幅度提升计算的速度和效率。

计算效率提升的一个潜在的重要应用是破解密码，比如比特币采用的加密方式，其中涉及大数分解的问题。大数分解在经典计算中，某些密码破解的难度是指数级的，如破解 RSA 经典非对称加密 [①]。但在量子算法中，理论上这些任务都可以在多项式时间内完成，比如基于量子计算的著名 Shor 算法。Shor 算法的初衷是能在多项式时间内解决素数分解问题，这在理论上已经被证实可行。但该算法存在一些不足之处。例如，它需要依赖物理专家的大量知识来配置算法参数，而即使在默认配置下，也会发现一些在经典计算和量子计算中不能在多项式时间内解决、需要指数级时间的困难例子（hard case）。这些困难例子可能导致整个算法难度都变成指数级的，即无法在合理时间和开销内完成破解。

我们在这个方向上做过探索性研究，发现可以利用人工智能里的强化学习来解决这个问题。具体做法是，先把多项式可破解的那些数据拎出来，将其视为容易处理的数据。再把困难的、指数级复杂度的问题，根据容易处理的数据中的规律，用强化学习方式学习解决方案，以便将困难求解的数据转化为多项式可解的，从而最终将 Shor 算法的难度降到整体均为多项式的。我们在模拟情况下，实现了 13~14 位的量子比特（Q 比特）的素数分解，这是破解密码的一个关键要素。如果有真正的量子计算机可供测试，说不定我们还能

---

① RSA 是 1977 年由罗纳德·李维斯特（Ron Rivest）、阿迪·萨莫尔（Adi Shamir）和伦纳德·阿德曼（Leonard Adleman）一起提出的，其名称源自三人姓氏的首字母组合。

处理更大长度的素数分解问题。

事实上，人工智能也从物理学方向找到了一些好的创新点和研究方向，比如可用于优化模型参数的模拟退火算法（如学习率、神经网络参数数量），就是受到物理中固体物质退火过程的启发而诞生的。甚至 2024 年诺贝尔物理学奖的获得者约翰·霍普菲尔德和杰弗里·辛顿，也是因为他们在神经网络方面的创新或多或少来源于物理学的理念和方法。从 1924 年为研究铁磁性而建立的针对晶格系统的伊辛模型开始，逐渐演化至 1982 年将神经元对等于晶格而构造的霍普菲尔德（Hopfield）网络，再到 1983 年辛顿提出的具有两层结构的受限玻尔兹曼机，以及由受限玻尔兹曼机堆叠而成的深度神经网络，我们都能看到物理学对神经网络基本构造的影响。将物理学定律视为约束条件也是物理信息神经网络（PINN）的热点研究方向。

显然，作为重要的基础学科之一，物理学可探索的空间远不止宇宙和量子计算这两个方向，还有相当多的研究方向值得人工智能去挖掘。人工智能也会从物理学的进展中获得更多刻画智能的新模型和方法。

化学：炼金术与专家系统

化学的起源可以追溯到 2500 年前中世纪兴起的炼金术。

人工智能的边界

炼金术士原本希望能将贱金属转变为黄金一样的贵金属，没承想金子没炼出来，却在这一过程中衍生出了近代化学。在人工智能的早期研究中，也曾有现象学家德雷福斯将其抨击为"炼金术"。虽然没有把一个与人一样的智能体"炼"出来，但却产生了人工智能这门学科，并有了许多边际成果，如各种编程语言和计算机等。

人工智能赋能化学学科的研究相当久远，可以追溯到1968年研发的第一个专家系统 DENDRAL。该系统由人工智能学者费根鲍姆带领其团队完成，目标是实现化合物分子结构的推断。与之齐名的专家系统 MYCIN 几乎同时出现，它是用来做医疗诊断的，当时的诊断水平据说已与刚入门的医生相当。

为什么人工智能先驱者会选择化学作为专家系统的切入点呢？这与化学实验的规律性密切相关。我们在中学想必做过、观察过或在书中看到过各种各样有趣的化学实验。比如古代的青铜器上经常能看到一层铜绿，那是因为铜在潮湿的空气中与氧气、二氧化碳反应就会生成碱式碳酸铜，其化学反应方程式为：

$$2Cu+H_2O+CO_2+O_2 \rightarrow Cu_2（OH）_2CO_3$$

再比如，将石灰石薄片（也可以用鸡蛋壳、贝壳，它们含有相同化学物质）用坩埚钳夹持，在酒精灯燃烧后形成的高温外焰上灼烧1分钟左右，再将其投入滴加了酚酞的水里，搅拌后水便会变成红色。其原因是石灰石薄片的主要化学物质是碳酸钙，高温煅烧后，会分解成俗称为生石灰的氧化钙和二氧化碳气体。生石灰与水反应生成氢氧化钙，溶液呈碱性，使含酚酞的水变红。其化学方程式为：

$$CaCO_3 \xrightarrow{\text{高温}} CaO + CO_2$$

$$CaO + H_2O \rightarrow Ca（OH）_2$$

不难发现，这些化学方程式都遵循着一定的规律，通过适当的组合和引入反应条件（如高温或加入催化剂），便可以生成化学成分等量的新化合物。它非常适合写成"如果—则"（if—then—）的规则，并转化成专家系统来实现。

寻找新的化合物意义重大，它们在我们生活的各行各业中都有潜在的应用价值。比如制药行业，如果能找到一种具有小分子结构的药物，它能够绑定体内容易被攻击的蛋白质结构的某个位置，防止病毒从此位置入侵，那么这种药物就能帮助人类抵抗该病毒。新型化合物也有可能帮助我们改进现有材料的性能，提高电池储能能力，开发出更环保的材料等。

但是由于每个化学分子的变化十分复杂，再考虑其化合物组成千变万化，光靠手工筛选和实验不仅耗时费力，还不一定能找到真正有用的新化合物。

早年的专家系统虽然有一定的化合物发现能力，但受限于"如果—则"的组合爆炸问题，并不是很成功。如今，随着大语言模型的出现，人工智能可以将大分子的化合物结构分解成

人工智能的边界

一段一段的，每一段看成是一个类似单词或单词前后缀一样的令牌（TOKEN）。通过收集巨量的化合物生成数据集，并预训练学习，用前面见过的若干 TOKENS 预测后续结构，人工智能可以掌握化合物生成的规则，从而实现对未知化合物结构的观测或推断。据文献报告，国际上已经有多个能在大语言环境下运用的化学数据库，如 CHEMGROW。在化学大模型驱动下，未来人工智能有可能会帮助发现新奇且具有重要意义的化合物。

2024 年诺贝尔化学奖颁给三位研究蛋白质结构的科学家，这一事实表明人工智能对化学研究作出重要贡献，也意味着化学研究进入了 AI+ 的时代。

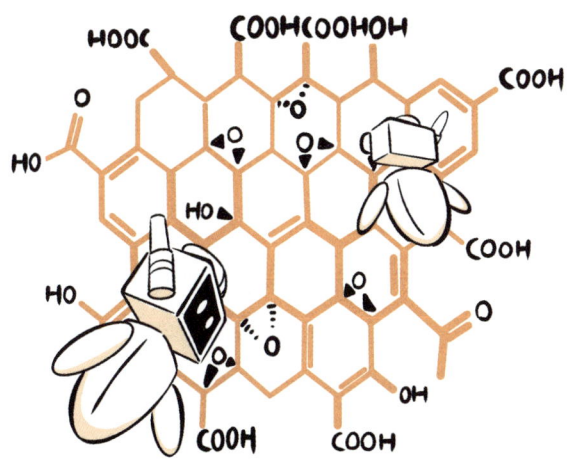

生命科学：阿尔法折叠，蛋白质结构预测易手

在国内有些地方的高考中，如上海，数学是必考科目，物理、化学、生物往往被纳入综合类中，足见生物学科的重要性，因为它与生命科学息息相关。

由于有人工智能的助力，生命科学在 2018 年左右迎来了新的发展，其中有个明星级产品——阿尔法折叠（AlphaFold）系列备受瞩目。它能从蛋白质的一级结构（即氨基酸序列的组合）来预测蛋白质的二级结构（即蛋白质分子中某一段肽链的局部空间结构）、三级结构（即在二级结构基础上多段进一步折叠盘绕后形成的特定空间结构）以及四级结构（即蛋白质－蛋白质复合形成的结构，也是更为复杂的生物大分子）。AlphaFold 系列对蛋白质结构与功能的预测，有望对人类在生命演化中的研究产生颠覆性影响。

我们都知道，DNA 具有双螺旋结构，其由 A（腺嘌呤）、T（胸腺嘧啶）、G（鸟嘌呤）、C（胞嘧啶）组成碱基对。在蛋白质合成过程中，负责从 DNA 转录信息的信使 RNA（mRNA）上，三个相邻碱基的组合能够形成 64 种密码子。这些密码子通过特定的编码规则，确定了 20 种常见氨基酸和 2 种不常见氨基酸。要发挥生物学的功能，蛋白质通常会折叠成某种特定的形状。早在 1970 年，其折叠的机理就被诺贝尔奖得主克里斯蒂安·安芬森以假说的形式提出，即在环境条件

适宜时，蛋白质折叠后的稳定三维结构完全由组成它的氨基酸序列确定。这些折叠后的蛋白质就像我们平时开门用的钥匙和锁，有各自特定的功能表达。有的蛋白质能帮助维持新陈代谢，有的能提供能量，有的可以修复组织，有的能控制身体的体液平衡。比如红细胞，其正常形态就像个甜甜圈，中间凹进去，方便携带氧气。但如果其形态长得像镰刀状时，则其载氧能力就不好，这种形态变化引发的疾病被称为镰刀型贫血症，由此可见，蛋白质形状对功能的表达很重要。

尽管有安芬森假说（Anfisen's Dogma），但以往要预测蛋白质的结构，需要依赖生物方面的检测技术。一级结构比较容易确定，利用简单的生物实验如质谱法即可完成。但涉及二级以上结构如何折叠的，结构生物学家往往需要利用 X 射线、核磁共振、电泳仪、冷冻电镜来进行检测。这些方法耗时耗力、人工成本也极高，比如电泳仪只能间接进行测量，且实验中还受较多因素干扰，因此会影响对蛋白质结构的分析与理解。而能让活性蛋白质"安静"下来、通过亚微米级的高分辨率来解析的冷冻电镜则极为昂贵，一台价格为 6000 万到 1 亿元，截至 2024 年我国已拥有超过 60 台冷冻电镜。可以说，在以往的研究中，拥有冷冻电镜是蛋白质结构相关的科研成果能够触摸到《Cell》《Nature》《Science》三大期刊门槛的重要基础。

2020 年，DeepMind 公司推出的 AlphaFold，则弥补了

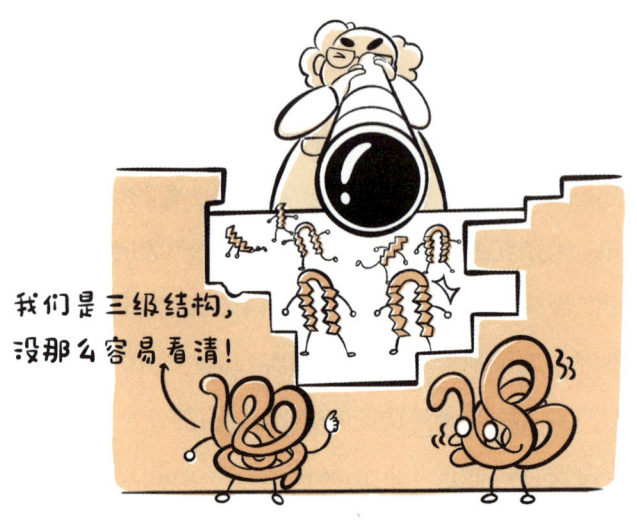

这些不足。一开始，它就将组成蛋白质的一级结构（氨基酸序列）视为一个能反映序列特性的马尔可夫链模型，同时补充相关的信息，如氨基酸序列标号及各氨基酸之间位置和角度的特征等。通过深度学习模型来预测蛋白质更高阶结构的信息，在与已知蛋白质高阶结构进行比较后，反复迭代调整深度学习模型的参数，最后获得最优的预测模型，输出蛋白质的空间位置和每组氨基酸的角度信息，从而实现对蛋白质空间结构的精准预测。

从 AlphaFold 到 2024 年 5 月提出的 AlphaFold3，时间跨度不长，但蛋白质结构预测能力却实现了从二级结构预测到四级结构预测的飞跃。由于深度学习能海量、高效地解析蛋白质的结构，大幅度降低了蛋白质结构预测的难度、人力和财力成本，使得大多数蛋白质结构的预测变得简单快捷，仅有少数仍需通过实验来探索。值得指出的是，AlphaFold 的发展路线与深度学习的发展路线在大方向上几乎是一致的。AlphaFold 一代采用了当时流行的残差卷积神经网络来学习蛋白质结构；二代采用当时流行的图神经网络（Graph Neural Network）和转换器（Transformer）构成的演化转换器（Evoformer）作为主干模型；三代采用了 2024 年开始流行的多模态思想，构成逐对转换器（Pairformer）为主干模型，并结合同样流行的、常用于 AI 画图的稳定扩展模型（Stable Diffusion）来生成蛋白质结构。

这一系列进展的意义在于，生命科学家们今后可以将研究重心从蛋白质结构的预测转到蛋白质功能预测上。甚至其有可能让人类超越自然，创造新的生命。因为氨基酸序列的排序能产生相当多的变化，比如由 22 种氨基酸组成的肽链长度即使只有 50 个氨基酸那么长，其变化数量高达 22^{50}。所以，氨基酸序列产生的变化数量远比围棋落子的变化庞大。这种数量，是自然界靠缓慢演化无法全部遍历的。但人类可以通过高效的测试手段去预测蛋白质结构，并筛选少量没见过的蛋白质结构来做实验，测试其功能，从而发现新的蛋白质（如可用来治病的新型蛋白质）。这对于探索人类和其他生物的生命密码显然具有极其重要的意义。

当然，AlphaFold 系统还存在不少不足，并不能完全取代生命科学家的作用。而且，生命科学的研究范畴也远不止蛋白质功能预测这么简单，还有相当多的任务需要完成。其中不少内容无法进行海量标注，也无法将其纳入当下流行的大模型框架，尤其是复杂的生物关系网。

这也是为什么近年来人工智能研究者开始强调，未来若干年可以发力的一个方向是 AI for Science（简称为 AI4S），而其中的重心便是生命科学。

医学：人工智能保健康

生命科学能探索生命的奥秘，而医学则能帮助维持健康、治疗疾病、拯救生命。但如果纯粹依赖医生的经验而忽视医疗设备的辅助诊断，可能会使医生陷入巧妇难为无米之炊的境地。同样地，单纯依赖医疗设备和检测，没有医生与患者的深入交流、察言观色，也难以快速确诊、制定有效的治疗方案。

要有效地学习医生经验、提升医疗设备分析能力，对检测数据快速进行分析总结，人工智能发挥了重要作用。自人工智能出现以来，无论是看病、诊断还是治病，都能在医疗领域见到人工智能的影子。

与人工智能领域第一个专家系统 DENDRAL 几乎同时出现的，还有 20 世纪 70 年代初的医疗诊断专家系统 MYCIN，在当时已经达到了门诊医生看病的水平。只不过因为专家系统无法解决 1973 年莱特希尔报告中提出的组合爆炸问题，后来没有成为人工智能的主流发展方向。

近年来，我们能在手机、互联网上发现一些简单的、基于人工智能的问诊系统。患者只需要提供自己的症状表现，这些系统便能给出可能的病情诊断和建议的治疗方案。不过这些系统由于能采集的数据不全，也无法清楚地了解患者的个人情况，因此给出的方案往往不是特别准确，甚至有可能存在误导性。当患者去医院后，把从网域大模型搜索到的"病情"讲给医生听时，这让医生不免有些无奈。

2023 年，随着聊天生成式预训练转换模型（ChatGPT）的出现，基于大语言模型的问诊系统也应运而生。由于拥有比人类更为强大的记忆能力以及联网搜索功能，有时在病情判断上甚至能发现医生短时间内也想不到的罕见病。比如，2024 年年初有人因过敏得了荨麻疹，就医后医生只说可能存在过敏原，但未明确具体是什么。于是患者男友便询问 GPT-4 模型。通过逐步的交互式问答，将疑似过敏的食物包装图片上传进行分析后，GPT-4 最终推测出患者家中的某个食品成分亚硫酸盐是最有可能的过敏原。我本人也有相似经历。如滑了一天雪后皮肤出现红疹。通过咨询 DeepSeek，便知道了因运动和温差引起的胆碱能性荨麻疹与高血糖引起的皮肤瘙痒之间的区别。类似的情况还有不少。在这些病例中，GPT-4 和其他大模型能成功找出病原，在于其能在海量的数据中快速发现关联性。

2024 年后，多模态大模型在人工智能领域受到了高度重视，其中通过语言表述能提高图像的识别预测能力已成为共识。可以想象，一旦将医生与病人交互询问病情的交流形式化，并把与病情相关的其他信息集成在一起，将会产生更为准确的人工智能问诊系统。

除了向医生学习，人工智能也能提升医疗设备的性能，进一步帮助医生提升看病的水平。比如常规 CT 扫描，其放射性对患者存在潜在的伤害。为了降低这一风险，我们可以采取降低放射性强度的策略，即实施低剂量 CT 扫描。但降低剂量意味着图像质量下降，不如常规剂量 CT 扫描清晰。此时，我们就可以利用人工智能算法，通过学习低剂量 CT 图像与常规剂量 CT 图像之间的内在关系，来改善低剂量 CT 图像的成像质量。

另外，人工智能也能对医疗影像进行自动解读。举例来

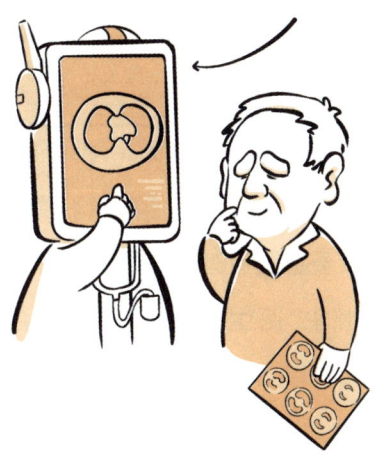

说，在输入大量的医疗影像数据训练后，人工智能的深度学习模型能以较高的准确度识别各种疑似病灶，如区别肺结节的良性与恶性、检测出大脑里的多发硬性结节，甚至对于极难检出、危害性极大的胰腺癌，人工智能算法也有可能通过对平扫CT 图像的分析，实现部分提前预测，从而为早治疗、早预防提供有力支持。

人工智能在治疗过程中的应用也很普遍，例如，能缝合玉米粒表皮的手术机器人"达·芬奇"。与人类医生相比，手术机器人不会因年龄增长、情绪波动或体能透支而产生手抖的问题，因此在手术中更加稳定。手术机器人还支持远程遥控操作。据报道，国内已有医生通过遥控机器人完成了跨地域的手术。

当然，人工智能并非完美无缺，它不能解决全部的医疗问题。比如在病理图像的区分中，有些病变只是细胞组织密度的细微差异，这需要医生凭借丰富的经验才能判断，而人工智能在这方面暂时难以达到人类的水平。人工智能对病情的分析也需要学习专业医生的经验，然而，很多病情的起因、发展机理并不是完全明了的，这也就导致人工智能不可能"包治百病"。另外，如果存在医患矛盾风险时，人工智能有可能无法提供可解释的分析结果，此时，医生来做相关决策更合适。

但不可否认，如果善加利用，人工智能将促进医疗体系各个环节的智能化升级，提升患者就医的效率和舒适度。

气象：大算力助阵，气象预报展奇能

医疗水平的提升能帮助改善人们的健康，而气象则影响着生活出行、企业生产等多方面，如下雨要打伞、高温天气要防中暑等。

通常来说，好的气象预报能帮助人们提前规划好每日出行。但如果预报不准，则可能会造成人员和财产损失，尤其是大的自然灾害来临时。比如 2015 年发生在湖北监利水域的"东方之星"游轮沉船事件，从气象云图来看，是两股强对流云团汇合，在沉船处形成了下击暴流，导致轮船倾覆，造成重大伤亡。再比如 2021 年 7 月 20 日发生在河南郑州的强降雨，仅一小时，郑州市的降雨量就达到 201.9 毫米，同样造成了重大人员伤亡。这样的气象灾害不少，如果能提前准确预报，就能减少不必要的人员伤亡。

然而，与人工智能在自然语言、图像视频等领域的应用相比，气象预报所面临的复杂性要高得多。一是因为气象观测受场地限制，地面观测站的数量往往是有限的，海面上更是稀少，甚至缺失；二是受时间限制，较早时期的气象数据常是空白，特别是那些以百年甚至更长周期为变化规律的气象数据鲜有记载；三是气象数据不像自然图像，它的结构是三维的。比如看气象云图时，云的产生和消失（常称为"生消演变"）不仅依赖于云层本身的变化，还依赖于地面水汽的蒸发情况等其他因素；四是气象数据本身的机理还不是完全明了。比如局部地区原本晴空万里，却突然狂风大作、暴雨倾盆，甚至夏天突降冰雹。龙卷风的生成也没有确定的规律可循。

传统的数值天气模式（NWP）一般是基于流体力学和热力学的物理规律来构建控制大气运动的数学方程，并利用超级计算机离散化后对这些方程进行数值求解，进而预测未来天气状况。虽然数值天气模式在整体上遵循物理意义的守恒律，对大尺度的天气现象预报表现尚可。但是，由于初始条件不准确、某些物理过程的经验性假设（如降雨凝结过程和湍流耗散）不一定合理，以及数值离散化过程中引入的误差，数值天气模式对局地性和突发性的小尺度现象预报并不尽如人意。

考虑到气象预测的挑战性，以及在深度学习大幅提升预测性能的背景下，人工智能相关公司也开始着手将新的研究方法应用于气象领域。第一篇里程碑式的工作发表在 2021 年的《自然》期刊上，由 DeepMind 与英国国家气象局合作完成。该工作利用了英国的复合雷达观测数据，通过降雨深度生成模型，实现了对未来 90 分钟的降雨预测。与之前的临近预报方法相比，该方法在 89% 的案例中获得了更好的预测性能。由于 DeepMind 的成功，激发了越来越多的公司投入到气象预报的科研队伍中。2023 年，DeepMind 采用图神经网络和机器学习的大模型 GraphCast，实现了 1 分钟预测 10 天的天气情况，且 90% 指标超过其他最佳模型的性能。该成果发表在 2023 年的《科学》上。同年 7 月，我国的华为盘古大模型也在《自然》上发表了有关气象预报的成果。依赖其强大的算力，它能在 10 秒内实现 7 天的天气预报，且将强降雨预报的分辨率提高到了 1 千米。

从报道的结果来看，众多气象大模型在性能上虽然都获得了令气象界震惊的成就，但其在硬件资源的投入和消耗上，显然比仅依赖首席预报员和经典气象模型要多得多。另外，气象预测和医生诊断类似，一旦发生重大气象预测失误时需要追究责任。此时，仅依靠人工智能大模型不足以服众。因此，具备气象专业素养和经验的人类预报员仍然不可或缺。

另外，突发性的气象变化由于数据少、机理未明，即使大模型也难以有效预测，比如短时强降雨的极端天气。同时，对于周期超出现有数据记载时长的气象预测，大模型的作用仍待完善。这些将是人工智能今后值得探索的研究方向。

环境：人工智能爱环境，智绘新美景

气象预报着眼于减少自然灾害，优化出行体验。而环境治理能帮助我们改善生活质量，提升健康水平，让我们心情愉悦。

记得小时候，我住在湖南湘潭市，夜晚还能看到星星，而去爷爷家时会更兴奋，因为农村的夜空繁星点点。长大后我去了大城市，加上近视的困扰，很难再见到那么璀璨的星空。印象最深的是 2000 年在北京的中国科学院自动化研究所读博士期间，晚上 9 点从所里出门回宿舍，常看见 10 多米高的沙尘暴沿中关村南路呼啸而过，那场景至今历历在目。2014

年，我作为访问学者来到美国宾夕法尼亚州的斯泰特科利奇（state college），那是个典型的乡村地区。有一天下雨，我看到天上彩虹的颜色如同蜡笔画出来的一般绚丽。回国后，发现上海的蓝天也比之前更加清澈了，这让我十分欣喜。

环境治理与人们的健康、出行息息相关。在 2007 年左右，我国曾一度被 PM2.5 浓度居高不下所困扰，出门常常是雾沉沉的天气。为了愉悦心情，人们甚至研发出了从图像中去除雾的模型。例如，在 2009 年计算机视觉顶级会议 CVPR 上，最佳论文颁给了国内的三位学者（何恺明、孙剑、汤晓鸥）提出的基于黑通道先验（dark channel prior）的去雾模型。该模型假设雾会影响光线穿透率，通过在红、绿、蓝三个颜色通道中寻找最小值和局部图像块中寻找最小值，可以快捷地还原每个像素在无雾时的真实光照值，在此基础上形成了黑通道先验方法。与其他去雾模型相比，该方法部分还原了雾的成因，且简单易行。这可以看成环境驱动的人工智能算法研究的一个典范。实际上，通过长期的努力，我国对环境治理已取得实质性的成效。据 2022 年 9 月的报道，PM2.5 浓度已从 2015 年的 46 微克 / 米 ^{3} 降到了 2021 年的 30 微克 / 米 ^{3}，优良天数比率在 2021 年达到了 87.5%。

除了天空，水质的优劣也是环境中一个需要重点关注的指标。如自来水厂的水在到达居民家前，需要放入明矾或含铝的化合物对水里的杂质进行沉淀，以实现净水处理。但如果净化剂加得过多，多余的铝可能会进入自来水管，长期摄入可能增加患老年痴呆症的风险；而如果加得少，则有可能达不到净化水质的要求。以往在净化剂剂量的控制上并没有特别精确的标准，为了确保水的净化达到要求，通常靠操作工人对进厂之前的水质和净化过程的检测，如通过水和混凝剂反应后形成的矾花数量，来确定该添加的净化剂剂量。

因此，如果人工智能能学习操作工人的经验，就有可能实现对净化剂剂量的自动控制。我们曾与上海某水厂合作，利用人工智能算法学习操作工人的经验。通过实验比较，我们发现这种方

法在投放剂量控制方面可以做得更为准确。这意味着，如果将此方法应用于城市水厂，有望进一步提升居民用水的品质。

此外，近年来，为了减少全球二氧化碳的排放量，碳中和（carbon neutrality）的理念已被全球各国提上日程。而要实现精细化的碳中和管理，就可以考虑对企业、居民的碳排放数量用人工智能算法进行精准的监测、评估和预测。比如，通过智能终端采集居民或企业在不同时段的水电煤气用量，以及二氧化碳释放量和其他污染指数，再利用人工智能算法进行分析和转换，得出可用于碳抵消的碳排放指数，以便通过不同用户之间的碳交易来实现减排目标。不仅如此，人工智能算法还可以对碳排放相关数据进行统计分析，生成规范的温室气体排放分析报告，从而在宏观层面促进碳中和目标的实现。

人工智能的边界

不难预见，未来要实现更为精细、精准的环境保护和治理，利用人工智能对环境相关数据进行学习、预测和提供建议的模式将成为必不可少的一环。

新闻：自媒体时代，人工智能对新闻的强冲击

要改善我们的生活质量，除了环境治理，监督也很重要。除此之外，我们也需要能动态地了解和关心国际国内发生的大事小事。这些都与新闻传播密不可分。

新闻传播曾经是非常好的专业。1998 年有部风靡一时的日剧《新闻女郎》，就以新闻传播为主线，讲述了一位知名女主播麻生环先在第二电视台（channel 2）王牌节目担任主播，后因报道非法交易被解雇，然后在坊间电视台因为报道邻里间的琐事而再度成名的故事。

时过境迁，如今，新闻传播方向受到两大因素的冲击：一是自媒体的兴起，二是人工智能的迅猛发展。

自媒体崛起后，传统媒体一枝独秀的优势被削弱。阅读量被自然分流后，内容的传播也变得更为细化和垂直化，想要提升自媒体账号的影响力需要新闻以外的知识。比如做人工智能领域的 UP 主 [1]，那必然要对人工智能有一定的了解，反而对新

---

[1] UP 主（uploader），是从日本流传过来的网络用语，指在视频网站、资源网站等处上传视频、音频或其他资源的人。

闻专业的知识需求相对较少。

而人工智能，也对新闻传播产生了多方位的深远影响。

在新闻稿件撰写方面，人工智能早已派上用场。而近两年大模型 GPT 及类似产品面世后，人工智能撰写稿件的能力愈发强大。比如 GPT-4 Turbo 版本，其记忆已经更新到 2023 年 4 月，而更新的版本 GPT-4o1 能力则更强。显然，在事无巨细的存储和记忆能力上，人类比不过大模型。

另外，新闻稿需要总结归纳。这一点大模型做得也像模像样。虽然它们无法输出直击灵魂的语句，但对于中规中矩的新闻稿来说，大模型处理并不困难。它善于提供清晰的逻辑结构，比如使用"首先，其次，第三，最后，总之"这类思维链常用的表述，让其在撰写陈述性的新闻稿时更得心应手。如今，我们现在能在各种媒体上看到大量人工智能产出的新闻摘要和稿件。这些摘要或总结一方面节省了新闻从业人员的工作时间；另一方面也迫使新闻从业人员思考如何能发挥人类的优势，让新闻变得更人性化、个性化。当然，人工智能产生的新闻也存在很大的风险。因为人工智能是有能力捏造假新闻的，甚至会一本正经地胡说八道，如果没有一定的（专业）敏感性，很有可能分不清时政要闻的真伪。

除了对新闻专业产生冲击外，在媒体多样化后，人工智能的作用也宽泛了许多，比如数字人的出现和对自媒体平台数据的智能分析。

人工智能的边界

我其实是数字人，可以24小时不停直播。我的声音是模拟合成的，文本是大模型写的。

数字人能够模仿主持人，既有根据文字描述用人工智能算法生成的，也有通过拍摄真人后再继续学习生成与真人相仿的数字人。算法生成的数字人往往无法产生好的个人 IP（Intellectual Property，反映个人在某一领域由其专业知识、经验等形成的影响力和价值），而且目前生成的效果还是容易看出来不是真人。而基于真人生成的数字人则用得相对普遍，比如 2024 年 6 月央视的《2024 中国 AI 盛典》节目上，就出现了四位主持人的数字分身同场主持节目。

除此以外，人工智能在人声的学习精准度和效率两方面都有了长足的进步。如果配上大语言模型的文本生成，加上类似真人出镜的数字人，并使用学习真人声音的语音表达文字内容时，效果则几乎以假乱真。

当然，由于目前真人拍摄的动作受限，通常都是预录时设置的简单动作，因此观众还是能较好地区分数字人和真人的视频。但如果生成式人工智能产生的视频效果得到进一步增强，也许真人和数字人的界限会变得越来越模糊。

另外，后台的智能分析算法也对新闻业产生了巨大的冲击，因为这些算法与流量和用户密切相关，能够精准地分析用户的爱好和需求。如果缺乏这方面的智能分析能力，那很有可能会出现好的新闻，却遭遇"好酒也怕巷子深"的尴尬局面。

这意味着，今后的新闻从业人员自身需要了解智能分析算法和学习分析数据，并和人工智能的数据分析员合作，才能让新闻内容或自媒体作品脱颖而出。

计算机：人工智能的软硬件基础

要实现好的智能算法，当然离不开计算机学科的介入。

计算机领域曾被认为是两个最难被人工智能取代的行业之一，另一个是艺术。原因在于，人工智能算法模型运行的硬件基础是计算机，而且人工智能算法也需要程序员来设计。

从专业角度来看，计算机专业并不是只涉及计算机的硬件，计算机软件与理论、计算机应用、人工智能、信息安全、软件工程、保密工程、网络等都是计算机专业的细分方向。在这些细分方向中，人工智能无疑是近年来最受瞩目的领域之一。

但即使是谈及人工智能，仍然是相当宽泛的，因为一到研究生阶段或进入人工智能相关的实验室时，便能看到这个领域被划分为众多细粒度的子方向，如图像处理、计算机视觉、自然语言处理、机器人、机器学习与模式识别、自动驾驶等都是人工智能的重要分支。如果再细究到每位研究生的具体研究方向，其粒度会更细，往往只是某个方向的一个具体算法的改进，比如在研究图像处理中如何进行人脸图像的编辑（换眼镜和发型、改年龄、换表情和背景等）。

宏观来看，图像处理与计算机视觉主要研究与图像和视觉相关的理论与应用，如图像分割、视频跟踪、图像编辑等。自然语言处理则研究语言的构成、分析与推理等。2017 年谷歌提出的转换模型（Transformer）与自然语言处理紧密相关，又有向其他领域推广的潜力。近年来，自然语言处理已经和图像处理、计算机视觉等人工智能多个子方向有了深度融合。

机器人则需要基于机器人必备的硬件环境，开发与人工智能相关的算法，包括针对目标进行识别预测、控制机器人行动以及感知周边环境、理解说话人的意图等。

机器学习与模式识别则是通过现成的数据来训练模型，完成分类、聚类、回归等相应的任务。值得注意的是，机器学习的任务多是应用驱动的，因此我们看到出现新的学习任务如课程学习、元学习等也不必大惊小怪。

自动驾驶的目标是达到 L4 级别及以上无人驾驶的水平。它不仅需要解决智能算法问题，还要解决车辆感知、规划与决策等问题。除此以外，计算机方向还涉及不少 AI4S 的研究，包括与类脑、生命科学、医学等交叉学科的研究。因此，计算机专业和人工智能专业包含众多细分的研究子方向，这些子方向在人工智能研究中有着重要的理论和应用研究价值。

不过，需要注意的是，近年来随着大模型的出现，人工智能已经能通过海量的程序员代码构成的数据集，学会相当多的基础编程技巧。现在即使不会编程，只要能与大语言模型进行交流，就可以通过语音或文字表述方式让大模型生成一段与任务相关的、初始版本的可执行代码。在此基础上再进行精调，便能生成一段还不错的程序。这比完全不懂编程的"小白"从零开始学要快得多。比如百度于 2024 年推出的秒哒或其他公司推出的有编程能力的大模型，就能为不会编程的人士提供快速上手的智能编程工具。在此前提下，人工智能编程也有可能会淘汰一批编程水平不高的程序员。

而硬件方面，目前人工智能正面临计算资源消耗过大的问题。据说为解决这一问题，人工智能甚至主动为核聚变的研究提供新的设计思想，希望通过这一方式来解决人工智能进化中碰到的能源问题。当然，这只是一种猜测，当不得真。但它也说明了，如果不提升硬件的效率或者对现有的计算机体系架构进行新的变革，人工智能很有可能会碰到瓶颈期，甚至停滞不前。

不管怎么说，计算机方向也好，人工智能方向也好，所需要的不仅仅是能编写代码的程序员那么简单。这些领域还需要更多的基础知识作为支撑，要想用人工智能完全替代计算机并不现实。这也意味着未来几十年内，计算机专业仍将是一个相对热门的专业方向。

土木：智能建造，完美转型

土木行业曾一度风光无限，因为其主战场是如日中天的房地产市场。但随着房市的降温，以及房屋建筑存量的日益增大，这个行业已今非昔比。不少以土木为强势专业的学校，最近几年高考录取线都大幅下滑，招生人数也在锐减。为了吸引高考生报考土木方向，一些学校干脆将土木学科名称改为智能建造，并引入人工智能课程来提升吸引力。

举例来说，在建筑物的三维结构设计方面，以往建筑设计师需要花相当长的时间来琢磨最初的结构。而现今，生成式人工智能只需要输入如"四合院、吊脚楼、红色为主调"等提示词，便能生成若干可选项。虽然生成的图案并不一定符合心中所想，但从中选择适当的来启发灵感，建筑师能省下不少的设计时间。

由于人工智能大模型在记忆方面有绝对优势，它也能快速全面地检索建筑场地周边的地理信息、商场和居民小区分布情

况。通过学习设计师的理念后，人工智能可以自动综合这些因素，智能设计出与周边环境更为融洽的初始方案，促进资源的优化，减少浪费。比如设计出类似弗兰克·劳埃德·赖特设计的位于美国宾夕法尼亚州费耶特县米尔润的"流水别墅"（Fallingwater）的世界经典建筑，将建筑与熊跑溪的溪流、山石、森林完美地融合在一起。

在建筑工地施工中，人工智能也能赋能增效，帮助提高施工自动化的程度和效率。举例来说，高空建筑质量的监理是一个相对困难且危险性高的工作，尤其是外墙尚未完工前。以往的高空作业，按安全规程必须佩戴安全帽甚至安全绳，现在可以用无人机来部分替代。无人机上的摄像头可以对疑似存在质量问题的地方，如对焊接裂缝、脚手架安装是否合乎规范、外立面质量等进行视频监控，再通过人工智能算法处理分析后，发现质量异常的位置。由于无人机的操控可以在地面完成，也可以通过算法提前规划好，这样就减少了操作人员去高空作业或质检的次数，从而能在更全面地及时发现和解决隐患的同时，降低高空作业的风险。

不仅如此，以往需要人工承担的工作，如混凝土的浇筑，在引入灵敏传感器和人工智能分析算法后，能够降低人工操作时的不稳定性和误差，提高施工效率和施工质量。

事实上，现代的建筑已经不是单纯地满足住宿或简单办公的要求，而是需要为人们提供更多层面的服务，如智能家居和智慧楼宇。要实现智能家居或智慧楼宇，一方面是在设计时就将能智能化的家电和楼宇监测设备考虑进来；另一方面是可以设计一套人工智能系统来优化控制相关的智能化设备。比如通过智能音箱来智能控制家庭里多个房间的灯的开关和亮度，或通过手机实现空调的远程智能控制等。

土木工程里还有不少方向可以与人工智能结合，如建筑材料的智能化选型和安全性预测、土木项目的智能化管理和决策。实际上，现在一些学校将土木工程专业的名称改为智能建造，便是希望将土木工程、电子信息科学、计算机科学与技术、自动控制、机械工程等学科合为一体，以此与时俱进，拥抱由人工智能主导的数字时代。

金融：人工智能对金融风险的智能调控

与土木领域息息相关的，还有金融行业。曾经有一段时间，当房地产市场繁荣的时候，钱便会从股市流向房地产市场。反之，钱又会流入股市。可见，两者都有可能帮助财富价值快速提升。

金融方向涵盖了经济学与金融学研究、金融市场、投资与资产管理和风险管理、国际金融与贸易、金融科技与互联网金融、行为金融学和金融心理学，以及保险和信息管理等多个领域。在这些领域中，引入人工智能，能提高金融服务的效率，并实现针对用户的精准服务。

举例来说，在投资领域，如银行、证券、保险或基金机构，要进行多笔交易时，靠人力来做决策往往费时费力。比如股票交易，我们经常能在网上看到一个人同时看着五六个屏幕炒股的照片，因为每个屏幕负责观察一只股票的交易活动。六个屏幕可能是人类能同时观看和实施股票买卖操作的极限。但是当人工智能介入后，依赖其强大的算力和并行计算的能力，完全可以同时对所有股票进行数据分析和交易。

对于股票交易的规律，人工智能的反应速度也远优于人类。比如高频交易，人工智能能够学习数年来股票数据的涨跌规律，寻找最适合的低点买入，并在股票价格快要大跌之前抛出。通过两者的差价再减去交易费来实现盈利。如果是大的基金公司和私募公司，通过有一定分量的底仓，就可能一天自动实施多笔高频交易。与人相比，人工智能不会受情绪影响，只会根据自己发现的股票涨跌规律来买进卖出。再考虑其可以同时处理的股票数量，因而更有可能获得较高的年化收益。

除了股票交易，在银行体系中，人工智能能够更精准地发现潜在的客户。举例来说，房贷用户一直是银行要争取的客户之一，因为房贷利息收入持续时间长且稳定。如果盲目地、广撒网式地去从信用卡用户中寻找客户，浪费人力财力不说，找到的概率也很低。而如果对用户使用银行卡或其他支付手段付款数据进行分析，挖掘其购买商品、投资组合模式与房贷之间的关联性，就能更有效地发现愿意进行房贷的高价值用户。通过对高关联用户精准投放广告，银行就能吸引真正的房贷用户。类似的人工智能挖掘方法也适用于保险用户、基金用户等。

另外，在做金融交易时，银行也需要考虑贷款风险，如有些人贷款后不还，导致银行产生坏账。为了避免此情况的发生，除了利用征信系统评估外，还可以利用人工智能算法检测人类的微表情，从而发现贷款人可能隐藏的真实情绪，避免骗贷或贷款收不回。

微表情不同于人类正常的表情，有研究表明，它发生在极短暂的时间内，很难被人的大脑控制，更能反映人的真实情绪变化。1969 年，美国心理学家艾克曼和弗里森曾对一位抑郁症患者的视频进行分析。整段视频中患者以笑为主。但当慢速放映时，他们发现在回答对未来的展望时，该患者在约 1/12 秒的时间里出现强烈的痛苦表情。这种表情因此被称为"微表情"。根据艾克曼的研究，2009 年美国还播出了一部与微表情密切相关、广受欢迎的电视剧《别对我说谎》(*Lie to me*)。受到这一思路的启发，也有保险公司开始安装高帧率摄像机，试图利用人工智能算法分辨投保者的微表情，以便杜绝疑似的骗保行为。

金融大数据的联邦机器学习还能更丰富地刻画用户画像。比如，现在每家金融机构的用户信息是相互独立的，数据无法共享，就像一座座数据孤岛。但如果使用联邦学习的思想，则

人工智能的边界

可以在保护隐私、让数据不离开原机构的同时，通过模型去寻找数据里更为全面的规律，从而为金融机构在风险控制、反欺诈管理、客户服务和精准营销等多个领域提供有力支持。

概言之，人工智能可以帮助金融行业做到以下几点：实现更高效的并行金融交易；通过数据挖掘寻找关联性，更精准地定位客户群，通过分析客户的微表情，自动评估金融风险情况。有效利用原本孤岛的数据，提供更好的金融服务。但在利用人工智能的同时，我们也需要预防数据泄露，避免"风控"变为新的风险。

实际上他很伤心……

艺术：人工智能降低高雅艺术门槛

与土木、金融不同，艺术常被人们认为需要童子功和一定的天赋，要习得高超艺术技能的难度极大，因此曾被认为是最难被人工智能攻破的两大领域之一，另一个是计算机。

然而，自 2022 年开始，这个"难以攻破"的观念被打破了。在数字艺术创作领域，人工智能算法生成的画作《太空歌剧院》崭露头角，一举夺得美国科罗拉多州博览会艺术竞赛中"数字艺术"类别的冠军。

当然，这事的发展与 2015 年萌芽、2020 年正式提出的扩散模型（Diffusion Model）有关。该模型最初的思路是，想象将染色剂倒入水杯后，染色剂会慢慢均匀扩散到整个水中，最终水杯中的水会完全变成均匀分布的同一颜色。那么有没有可能让时间倒流，使得水被染色的过程能够逆转呢？这一过程可以等价于从任意图像退化到噪声，再逐渐通过一步降噪一步还原回图像的过程。而从统计角度来表述，它可以用按时间步骤逐渐增加的高斯噪声来建模。采用高斯噪声的一个好处是，每次叠加一个时间步骤形成的结果仍然是高斯分布，因此比较好控制。而反向从噪声逆推回图像的过程则相当复杂，没法从数学上计算有效解，于是科学家们采用深度网络（如结构长得像滑雪 U 形场地的 U-net 网络）来学习和逼近降噪逆推过程。

由于在这一还原图像的过程里，可以引入各种操作来生成迥异图像，因此图像和视频生成成为可能。比如通过加入文本提示或改变某一属性（如将人脸的表情由哭变笑、改直发变卷发、改变图像背景等），图像的生成效果变得越来越多样化，且惟妙惟肖。因为扩散模型可通过大数据来学习，它的想象力更是超乎人的意料。在此框架下，几个代表性的人工智能绘图算法或软件应运而生，如能进行高分辨图像合成的扩散模型SDXL 系列、Midjourney 等。

通过与转换模型（Transformer）结合，2024 年 OpenAI 推出的世界模拟器 Sora 也将视频生成长度推进到了 45 秒。尽管专家们认为其在物理世界的理解方面还存在一些问题，比如老太太生日吹蜡烛不能吹灭的视频，但 Sora 在视频的细节、生成效率和成品率方面都让人惊叹不已。

不仅图像视频生成取得了突破，音乐领域曾经被认为有技术门槛的编曲也被人工智能编曲模型 Suno 部分攻克。对于一个音盲来说，他只需要输入一段歌词，选好音乐风格，Suno 便能生成一段 2 分钟长的音乐。比如将儿歌《让我们荡起双桨》改成摇滚版，只要输入已有的歌词，设置风格为"摇滚"，等待一小会儿，即可听到改编后输出的音乐。

显然，我们不能漠视人工智能技术在艺术领域的突飞猛进，因为它意味着至少有一些不需要过高艺术审美的创作将会被人工智能替代。比如，一本新书希望插入一些无关痛痒，也不需要与内容风格保持高度一致的插图时，那就可以让人工智能来生成，这样既节省时间又节约成本，甚至不会画画的作家也能自己完成。由于作家对书本内容更熟悉，说不定还会有意外之喜。如果类似的大量中低端创作都被人工智能替代，那么很有可能会迫使学艺术的人员转向更高端的创作方向。

为什么生成式人工智能能在艺术上取得突破呢？可能与艺术没有定义好坏、美丑的统一标准有关。有些作品，有人说好看，有人说不好看。有些作品，当下看很难看，但过了十年甚至作者离开人间后，人们才发现居然是佳作；还有些作品虽然好，但没人关注，十来年后突然爆火。由于作品多，也不乏好作品寂寂无闻的情况。

人工智能的边界

这些现象在艺术圈很常见，因为艺术极度依赖于个体审美标准的建立。但这也使得我们用智能生成艺术作品时，同样难以精确评价其合理性和美学价值。尽管我们有一些客观准则，比如与原图的相似性、黄金分割比例等，但这些都无法替代主观审美的作用。

结果便是，人工智能里经典的莫拉维克悖论在艺术领域也是成立的，即人觉得复杂的艺术，一旦形式化后，机器反而觉得简单。以至于有不少人开始怀疑，现在的人工智能是不是走偏了方向，它并没有向解放我们的劳动力方向去努力，反而去追求艺术创作了。

体育：人工智能帮助突破人类体能极限

与艺术类似，作为竞技运动的体育也特别依赖个人天赋，以及传承下来的经验和技巧来提升运动水平。但经验往往相对零散，且缺乏系统性和科学性。比如人工智能之父艾伦·图灵，他还是一位国家级长跑运动员，在 1947 年曾参加过英国马拉松的ＡＡＡ锦标赛资格赛，名列第 5，最佳成绩为 2 小时 46 分 3 秒，比 1948 年的奥运会冠军只慢约 11 分钟。但他的跑步姿势呈外八字、呼吸声很急促且声音大，显得非常不科学。

现代的大多数竞技运动中，光靠苦练就能达到的纪录已经接近天花板。要想进一步提高水平，就得考虑更多细微处的改进。这就要依赖高科技手段，其中之一便是通过人工智能的数据分析来提升。

比如 2022 年北京冬奥会上的花样滑冰，每一次的起跳、旋转都与运动员起跳的力量、角度和身体的姿态密切相关。滑冰的过程可以通过高帧率摄像机来拍摄，再通过人工智能算法提取运动员的姿态、起跳角度等特征。经过多次拍摄，就能发现这些特征与花样滑冰中各个指定动作之间的关系，以及运动员的一些影响动作评分的习惯性不良动作。经过多次练习，通过动作纠正、拍摄后重新评估等策略，运动员就能形成对最佳滑冰动作的肌肉记忆。

人工智能的边界

显然，人工智能的辅助分析一方面帮助运动员提高了指定动作的成功率；另一方面也能帮助运动员节省体能，从而能更好地完成花样滑冰的全部动作。

　　再以百米跑步为例。我国选手苏炳添在以 9 秒 83 刷新亚洲纪录的过程中，就运用了高科技手段。在其与同事合写的《新时代中国男子 100 米短跑：回顾与展望》论文中，他对如何让自己跑得快进行了全面分析。从文章中可以了解到，他曾采用数台高速相机来拍摄其从起跑到冲刺的全过程，并辅以步态分析、运动技术分析、视频分析等人工智能算法，以及生化分析仪、睡眠手环、训练准备状态监督仪等硬件设备，来检测其起跑反应时间、途中加速度、冲刺心率及训练时的生化指标等信息。根据这些信息，科学地评估了其运动技术、运动素质、生理机能，以及速度训练、力量训练、速度耐力训练、有氧训练的效果。教练组也为他制定了个性化的训练方案，对动作的各个细节进行优化。通过数据分析，他调整了起跑姿态，"把起跑器前、后抵足板与起跑线的距离分别向后移动了 3 厘米和 2 厘米，并且明显增加了双腿的髋、膝关节弯曲角度，也将起跑后第一步的步长和步频同时增加"。这些改变最终帮助他获得了百米 9 秒 83 的亚洲最好成绩。

　　不仅在跑步和滑冰中能看到人工智能的影子，其他竞技体育项目也是如此。比如我国在赛艇项目中利用原来研究飞行器的风洞技术来获取数据，并通过数据分析优化划船效率，成功让我国在 2021 年东京奥运会上夺得赛艇女子四人双桨项目金牌。

这些表明，现代竞技体育中处处都有人工智能的身影。尤其是在国与国之间的竞争中，当身体素质相当时，科技含量的高低就决定了奖牌数的获取情况，而这科技含量里自然少不了国家在竞技体育中对人工智能赛道的投入。

教育：人工智能式的"授之以渔"

要把科技手段用好，教练的角色少不了。而要普及知识给大众，教育是必经之路。

1900 年，巴黎万国博览会上的一幅宣传画曾预测了 2000 年的教育景象。在画中，教室里的学生人人都戴着从屋顶垂下来的、像耳机一样的设备，老师则把要讲的几本书直接放进一台连接这些设备的机器中。一个助教模样的人正摇着机器上的曲柄，以便将书的内容转变成信号，通过天花板上的线路输送到每个学生的设备中。

时间一晃 120 多年过去了，如今的课堂还是与之前的相差无几。老师仍然承担着教书育人的责任，学校也仍是学生走向社会的中间载体，而教育依然是阶段性过渡，由简到繁地传授知识。但教学方式、课程内容、师生关系等有了明显变化。

尤其在人工智能时代，教学模式有了更丰富的形式。人工智能对学生、老师和学校都提出了新的挑战。

在学生方面，人工智能实际上早已派上了用场。比如学生做不出来一道家庭作业题时，在没有互联网的时代，同学们可能得回学校听老师讲解，或问其他做出来的同学才能知道答案。现在只需用手机拍照，直接向互联网寻求答案。由于老师出的多数题目，在互联网上都能找到原题或类似题型，人工智能会对拍照的习题图片先进行光学字符识别和图像识别，然后再从网上或自建题库中寻找相似的题目。这样，学生便能快速知道习题的答案。而现在随着人工智能大模型的出现，即使网上没有原题，大模型也有可能根据提问把潜在的答案回答出来。当然，这种做法并不被老师所推崇。因为它会造成一种"反差"：考试的时候学生似乎成绩不出色，但平时作业却做得出奇的好。分析原因，很可能就是智能解题软件在"帮忙"。为了避免这种情况，老师们一般会建议学生先自己想，实在想不出，再求助解题软件。通过这种方式，学生能更好地消化、理解作业内容，形成属于自己的学习思路，而不只是被动地吸收。

老师方面，也能从人工智能中获得不少便利。比如在教案的制作上，以前可能课程的大纲、幻灯片的制作、课堂间的提问、习题的布置都需要老师自行设计。现在有了基于大模型的办公软件，如 Copilot、WPS 等，老师只需通过简短的提示词和语言描述，给出要讲授课程的题目以及大致范围，这些软件便能自动生成相关的内容，也可以让 DeepSeek 以 Markdown 的格式撰写课程大纲，再将大纲复制到 Kimi 大模型里，选好 PPT 风格后，一键生成 PPT。在此基础上，老师再根据自己的经验稍作修改即可。相比之前，显然省时省力得多。而人工智能还能根据其学习到的配色布局，为每页幻灯片给出更适合的建议方案。再比如作业的批改，也能借助人工智能实现手写识别、批改标注甚至自动评分等功能。

对于研究生的学习和指导，人工智能也有不少好的功能。现在的大模型有能力对论文进行快速阅读，并总结论文的创新点、实验效果、前沿方向等，甚至可以比较论文之间的异同，并指出异同点的出处。它还可以根据指示自动从网上搜索某一方向的相关文献，并进行归纳总结。这些都能帮助研究生尽快找准研究方向，形成好的创新点。尤其是现在人工智能顶级会议每年都能发表上万篇论文，人力根本看不过来，利用人工智能可以增效不少。在论文写作方面，大模型由于采用了先进的推理机制，在语法、逻辑等方面都表现不错。尤其是对于英语不太好的研究生来说，可以先让大模型对论文初稿表达做下润色，使论文更为规范。

不过，需要注意的是，使用人工智能帮助改论文已经引起了一些出版机构和大学的重视。比如 IEEE 旗下的期刊，就要求作者在提交论文时注明是否利用了人工智能帮助修改论文，甚至要求在参考文献部分标注出使用的人工智能模型名称。有些大学也不鼓励学生使用人工智能，甚至要求学生禁用人工智能相关的元素。

在学校管理方面，课堂智能监控似乎是人工智能应用中最饱受争议的地方之一。在考试时，它可以用于监控考生是否有舞弊的嫌疑。它能监控教室里的全体考生，可以帮助监考老师更好地维护考场纪律。而在平时上课时，通过摄像头采集的数据可以分析学生是否走神、是否有交头接耳的行为，甚至能根据人脸识别自动提醒老师有没有同学旷课，而不用老师亲自点名。然而，课堂监控有可能侵犯个人隐私，包括身份隐私和行为隐私。尤其是对低年级的学生来说，这种智能监督是否有必要仍存在争议。而且学习本身是个性化的，重大创新也往往源于一些独特的视角。如果用统一的规范来评估和引导学生的学习表现，有可能会适得其反。

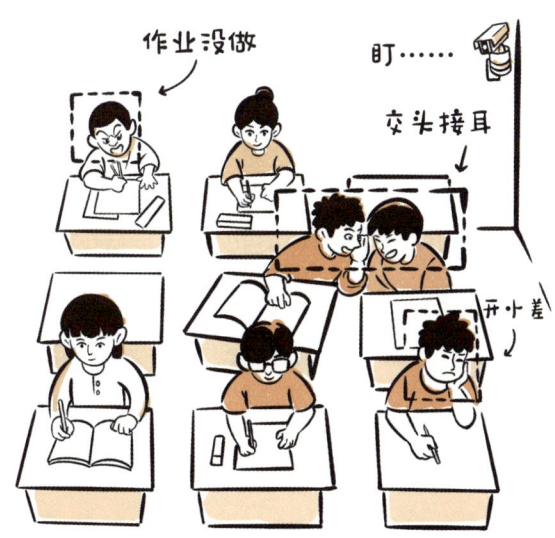

第一部分　人工智能能做什么

值得注意的是，由于人工智能、互联网的普及，教育模式已经从课堂教学扩展到网络教学，学生可以从 B 站、抖音、微信视频号等平台获得系统且持续更新的课程。知名的 Up 主比较关注流量和粉丝量，在视频制作和知识传授方面会很用心。不过，与学校相比，这些平台上的视频内容相对固化，不如课堂讲授灵活。另外，在人工智能时代，知识的迭代更新更快，也要求人们持续学习，否则容易滞后于时代。

管理：智能画像，科学管理

人工智能对各个基础学科的影响显而易见，管理学科也不例外。那么，人工智能在现代管理中如何发挥其作用呢？

事实上，在管理中很早就有人工智能的影子。早在 20 世纪 50 年代，人工智能的先驱之一西蒙（Simon）就提出了管理依赖于信息和决策的思想。而自动化领域的先驱、《控制论》的撰写者，美国加州大学伯克利分校教授维纳则认为管理是一个过程。到 20 世纪 70 年代后，管理信息系统（Management Information Systems，MIS）已逐渐开始辅助管理。这个以人为主导的系统，由计算机及相关外围设备组成，能进行信息的收集、传递、存储、加工、维护和使用。

人工智能资深人士、图灵奖得主杰弗里·辛顿（Geoffrey

Hinton）提出深度学习概念以前，管理信息系统主要依赖于传统的人工智能技术和经典数学模型来进行信息的管理，并辅助管理人员进行决策。而 2012 年以后，大数据、深度学习和适合并行计算的显卡 GPU（Graphical Processing Unit，GPU）这三大要素对人工智能的发展起了主要推动作用。这些要素在现代管理中也同样发挥了重要作用。

显然，在现代管理中，基于大数据的方式有助于实现科学管理。与早期的信息收集相比，目前信息收集的渠道更加多样化，且收集的成本也不高。比如一个高清摄像头加上相关的识别和存储设备即可实现大规模的人脸采集。除此以外，公司业绩、员工的出行记录、上下班情况等这些可赋能管理的信息都不难获取。因此，它能在时间长度、空间维度等多个维度上产生海量的大数据，让管理者对公司和职员形成多模态、由粗到细粒度的画像，从而实现优化管理。

除了公司级别的智能管理，人工智能也能赋能应急管理。

我们不妨看看人工智能对流行病的管理和控制作用。借助于手机定位、通信行程码等技术，人工智能能够精确定位每个人的出行轨迹、乘车情况等，实现人群精细化管理。一旦出现严重的疫情，便能快速地对患者曾去过的场所实施有限区域内的临时性封闭，并对接触过感染者的相邻人群进行进一步追踪。通过这种应急管理模式，能确保疫情在短时间内得到控制。

不仅如此，在新一轮人工智能热潮中，深度学习还衍生出了不少新的学习方式。这些学习方式都有可能为现代管理提供新的助力。由于大数据和深度学习的使用，在员工的管理、工程选择上相较于以往有了更多的变化和革新。富士康无人工厂的出现就是一个典型例子。它表明流水线上的很多装配工作，事实上可以完全由机器来替代。这也进一步预示，未来会有越来越多的工种将被人工智能替代，在管理上也会更加智能化。除此以外，人工智能的发展也催生了更多除固定办公场所以外的办公模式。如在疫情防控期间比较流行的 SOHO（Small Office，Home Office）的居家办公模式。我们也可以采用去中心化或众包式（Crowdsourcing）工作模式来管理项目。众包式的模式是将任务分包给不同地点的人来完成，可以弱化对实体企业的依赖，并利用人工智能技术来确保分包后的子任务在合并后的质量不会出现问题。不仅如此，人工智能的发展也可以让管理变得更为个性化、层次化。比如，利用大模型来制作单位的年度报表时，可以根据不同级别人员的需求来定制。

请问有什么可以帮助您？

我想知道我司 ×X× 产品使用的原料 ×× 与 ×××× 的具体比例。

该问题涉及商业机密，已启动信息安全模块。

虽然人工智能能促进管理，但也有可能会导致个人和公司隐私的泄露。比如人们常用的手机上，有些 APP 软件有可能会通过麦克风偷听说话，并根据说话内容进行广告推荐。再比如，在询问聊天式大模型产生有建设性的管理方案的同时，如果不加注意，也可能泄露公司或个人的隐私信息，因为大模型有可能会收集询问的内容并对其再优化。

因此，在未来的管理中，我们需要在尊重被管理者的隐私、保护公司涉密信息和利用人工智能优化管理之间找到平衡点。

2 人工智能的实际应用

人工智能不仅为基础学科注入了新的活力，在实际应用中也在大展身手，其中不少应用已经改变了我们的生活方式。接下来，我们将从身份识别、商品推荐等应用来聊聊人工智能的广泛应用。

身份识别：生物认证，身体处处藏线索

身份识别可能是自 2012 年第三次人工智能热潮以来最成功的落地应用之一。然而，在此热潮之前，它采用的识别方法和策略完全不同。

身份识别一般被归为生物认证（Biometric Authentication）的范畴。生物认证的方式多种多样，包括利用人脸、虹膜、指纹、掌纹、指静脉、掌静脉、耳朵、声纹等特征来完成认证。在身份不易明确时，牙齿也可以作为辅助辨认的特征。DNA

也可以用于身份认证，只是需要更为复杂的技术手段。

在认证领域，有时会将识别设备所有者（如笔记本电脑的主人）并排除他人的过程称为认证；而将从数据库里识别一组人的过程称为识别，如公司门禁识别系统。但在这里不区分认证和识别这两个概念。

最早用于身份识别的生物认证方式之一的是虹膜识别，其原因在于人眼睛内瞳孔与白色虹膜（俗称眼白）之间有一圈彩色环形组织。虹膜在人出生以后就以随机组合的方式形成了终生不变的细节特征，如斑点、细丝、条纹等。由于它的唯一性，1984 年美国的约翰·达费尔教授提出采用 Gabor 滤波器来提取虹膜的纹理特征，这些特征转换后的图案就像条形码。每个人的"条形码"不同且唯一，因此可用来实现高精度的身份认证。

为确保交易的安全性，虹膜识别被应用于金融机构，后来被逐渐推广到各个行业，比如矿工的身份识别。矿工们在进出矿井时需要验证身份，以确保下矿井和出矿井的人员身份、人数一致。但他们的脸部会被煤粉尘染成黑脸，出矿井时要想用人脸来识别身份几乎是不可能的，而他们的眼睛依然是清晰明亮的，于是虹膜便成为理想的身份识别特征。

不过，虹膜识别也存在一些风险和不足，如识别距离短、最多不超过 1.5 米，佩戴美瞳可能导致虹膜认证失败等。

另一个成功的身份识别应用是指纹识别。指纹是人类手指末端指腹上因凹凸皮肤形成的纹路，每个人的指纹都有其独一无二的形状，如同心圆或螺旋纹线的斗形纹、弓状纹、环形纹等。这些纹路终身稳定，在识别时甚至只需将纹路的凹凸分别处理成 0、1 的二进制数值，即可完成身份认证，所以特别简单快捷。它的采集器也容易实现，因此被广泛用于门禁和手机端。但成也萧何，败也萧何。它的不足在于只能近距离操作，需要用户主动配合方可使用。与之类似的生物特征还有掌纹。由于指纹、掌纹的特殊结构和唯一性，我国古代还有用掌纹和指纹来算命的，甚至还有基于它们的"智能算命"系统，但这显然并不科学。

其他生物认证特征与以上提及的具有一定互补性。如指静脉、掌静脉能确保参与认证的人是活体，但采集数据的设备相对复杂，不便于布置到手机端。比较冷门的生物特征是耳朵，其轮廓形状到一定年龄后会稳定下来，只是容易受头发遮挡影响，不便于取证。

相比而言，人脸是最为便捷的生物特征之一。一方面，几乎没有完全相同的人脸；另一方面，可采集的人脸面积大，方便在可接收距离内进行识别。

早期人脸识别技术比较关注人脸各种局部特征的差异。为了能精细化人脸的特征，科学家们还将人脸图像分成若干运动单元（Action Unit），来提高人脸识别的准确性。而自 2012 年深度学习技术流行之后，人脸识别就更换了赛道，成了深度学习框架的一个常规应用。尤其是在 2015 年，残差网（ResNet）的深度模型提出后，在当时的视觉人工智能系统识别项目 ImageNet 比赛中，该模型的识别错误率为 3.57%，低于人类视觉错误率（5.19%）。

在深度学习框架下，只需要将带标签的人脸图像数据集输入模型，随后的人脸特征学习和人脸识别任务就可以由深度学习一起完成。自此，人脸识别技术就开始正式进入广泛落地的时代，机场、高铁等场所都已经普及了人脸识别系统，高效出行成了现实。最有意思的是，曾有一段时间，每逢歌神张学友开演唱会，警方总能通过人脸识别技术抓获几名犯罪嫌疑人。

不过，人脸识别也并非完全没有漏洞。它有可能被 3D 打印出来的人脸面具或模型攻击，导致识别错误。人工智能还有深度伪造技术（Deepfake），可以形成以假乱真的人脸，需要仔细鉴别方知真伪。为了保证人脸是来自活体的，一些人脸识别系统经常会要求被检测者转转头、眨眨眼、张张嘴。如国内领取养老金的人脸识别系统就有这些操作，以避免有人拿人脸照片进行冒领。另外，人脸也会受外界因素影响，如强光照射摄像头会导致无法识别，戴口罩或墨镜也会降低人脸识别率。

人脸识别与个人隐私密切相关，滥用会导致隐私泄露。这已经引起了广泛的关注。现在不少酒店入住时已不要求刷脸，就是为了避免此类问题的出现。

除此以外，人脸识别的距离也是受限的，一般来说 7~8 米内可以有效识别，再远就需要更高分辨率的成像系统。所以，利用人的走路姿势（即步态），以及行人在不同摄像头下的识别（即行人重识别），已经开始得到越来越多科研团队的关注。因为这些识别方式利用了人的整体形态，可以在比人脸和其他生物特征更远的距离进行身份识别，且无需人们主动配合，未来也许会成为身份识别的主流技术。

商品推荐：欲知何物，扫一扫见分晓

识别身份与社会安全相关，而人工智能的商品推荐则与便

民服务相关。它的目的在于精准匹配卖家与买家的需求，以及在商品推荐上也能做到足够准确。

要实现这两个目标，买卖商品的平台在多个环节引入了许多人工智能算法。首先，要准确辨识商品。从买家的角度来看，当用户从网上、报纸或某个地方见到一件有趣的商品，比如自行车上带小狗兜风的车篓子，却不知道具体品名，想了解或购买时却无从下手。考虑到这一需求，一些购物平台提供了"扫一扫"的功能，通过拍摄商品的照片，对照片进行分析后，再与平台数据库进行匹配，寻找相关商品，并推荐可能有此商品的店家。

说起来简单，但实际上并不简单。因为用户见到的未知商品图片可能只有某个局部或某个怪异角度的样子，也可能因为手抖、光线太暗或太亮而没拍清楚。所以，需要有好的算法来解决目标缺失、光照、角度等问题。我们实验室曾经结合传统机器学习和深度网络方法，用不同角度、光照、多尺度的商品数据训练深度网络，再利用传统机器学习方法提高不同类别商品之间的易辨识度，最终取得了在复杂环境下能高精度识别待推荐商品的效果。

一旦找到商品，接下来就是如何把合适的商家推荐给用户。由于有相同商品的店家可能有很多，为了保证更优质的店家与用户对接，店家的排名就至关重要。而排名往往需要根据价格、销量、用户好评度、物流速度等诸多因素来决定。记得在 2010 年左右，全世界最聪明的人工智能学者都在致力于研究排名问题，当时还有个流行的专业术语，叫作"Learning to rank"（学习排序，也有称排序学习）。

当然，排序有时会存在一些"猫腻"。比如可能会有店家采用虚买等虚假交易来提高销量，导致虚高的排名。另外，通过投钱竞价形成的排行榜，也有可能让用户在并不是特别优质但排名靠前的店家下单购买商品。以至于有经验的用户为防忽悠，会有意识看下店家的经营时间的长度。虽然竞价排名可能会误导用户，但它也是互联网公司盈利的主要方式之一。事实上，互联网之所以让老百姓免费使用大部分的资源，也与商家花钱投放广告来改变排名密切相关。

除了互联网的商品推荐模型，现在线下的无人售货店、零售商品机器也在广泛地采用人工智能技术。比如相对先进的零售商品机器，连选商品的按钮也没有。用户只要打开柜门，取下需要的商品，柜子里的多个摄像头便能通过多角度的计算机视觉识别算法来精准确定商品的品名、价格和数量。

虽然智能算法下的商品推荐给消费者带来了许多便利，但有时也会过犹不及，比如通过侵犯隐私来获得推荐"便利"。我们使用手机时，经常会发现这样的现象，如在微信里聊天，或者只是在家里聊天，不久便能在某个商品购买平台里见到聊天涉及过的商品。这一方面可能是因为该应用软件后台与聊天平台之间共享了数据，另一方面也是在未经手机机主允许或不知情的情况下开启了手机的语音监听功能。平台通过分析语音和浏览数据，就能知道用户可能想购买的商品，并进行相对精准的商品推荐。只是有时也挺搞笑的，用户刚购买了一个产品，另一个应用软件才开始推荐。这种慢反应的推荐基本没啥意义。但不管是哪一种，随之而来的一个问题是，我们是否应该允许这种侵犯个人隐私的商品推荐方式存在呢？

这不是我刚说过的东西吗？

自动驾驶：解放双手，交通呼唤人工智能

不仅商品推荐可以便民，自动驾驶也是。让人工智能代替人类开汽车，这在科幻小说、电影里早已有之。现实中，人工

代驾还是更为常见，尤其是在应酬以后。而自动驾驶飞机则相对成熟。毕竟在飞行中，既不用担心突然闯红灯的电瓶车，又不用考虑发送"倒车、倒车，请注意"的语音提示。

而在地上，自动驾驶面临的环境复杂得多。因此，自20世纪七八十年代开始，科学家就在努力实现汽车的无人驾驶，俗称智能车。为了帮助智能车实现无人驾驶，车周边安装了多种传感器。早期的无人车车顶会装一个360度不停旋转探测的激光雷达，车前面、周边会装上视频传感器，前后还会有超声波传感器和红外线传感器等。这些传感器增强了智能车对周围环境的感知能力，如激光雷达可以实现远距离检测，视频传感器能提供与人视觉类似的目标检测识别能力，超声波能检测近距离目标，红外线更善于夜间识别。但传感器的增加也提高了车辆的成本，因此在研发时往往要做平衡。比如激光雷达，早期版本的成本高达10万元一台，以至于一台车装三到四个激光雷达，传感器成本加起来就已经比车还贵，很难市场化。随着我国对激光雷达的持续研发，它的成本已较从前有大幅度下降，完全可以在智能车上实现成本可控的多传感器融合，而无需像特斯拉的某些车型一样，仅依赖视觉传感器。

除了传感器，自动驾驶还需要高精度地图。曾几何时，手机定位很不精准，经常出现"飘"到马路对面的情况，导致打网约车时乘客找不到司机。而自动驾驶需要能分辨不同车道之间的距离变化，比如超车道、中间车道、货车道等。这些也依赖于高精度地图。

2008 年，我还曾在智能交通的国际期刊上发表过一篇文章，提出了一个人工智能算法，该算法可以利用低精度的定位数据，学习出高精度的定位。

2017 年，Waymo（当时仍为 Google 旗下的自动驾驶部门）宣布，其无人驾驶车队已经在公共道路上行驶超过了 300 万英里（约合 482.8 万千米）。根据 2023 年 12 月的报道，Waymo 的无人驾驶汽车在美国共行驶了 714 万英里（约合 1149.07 万千米），很大原因是采集了相关道路的高精度地图。如果缺乏这一项，智能车就有在路上瞎跑、跑不准的风险。但测绘高精度地图的成本相当高，也就限制了不少研发单位只能让智能车在有限的距离内、封闭园区进行无人驾驶的运行。

有了传感器和高精度地图，智能车还得有足够精准、高效的智能算法。比如特斯拉的汽车，就有依赖视觉传感器的智能分析算法。在车辆行驶时，智能车需要分析各种与驾驶相关的要素。比如要识别车道线的曲率，以便能自适应地调整行驶角度；识别公路两侧的路障和邻近的各种车辆，辨识前方可能会出现的行人或自行车，以避免不必要的碰撞；还要学会识别各种交通标识，如限速、停止、道路变窄、急转弯等标志，以确保车辆不违章。现在的智能车还搭载了语音识别系统，无需手动操作，通过语音即可完成如开窗、关窗、听广播等多项功能。不过，智能车对多重否定句的理解有时挺"智障"。我常在自己的汽车上使用语音功能。但当我说"别打开天窗"，系统却打开天窗。而说"别关上天窗"时它却会关上天窗，有些让人无语。

智能车相对于人类驾驶来说，有它好的一面。许多人存在"路怒症"的情况，有些温文尔雅的人一上车就可能变成"魔鬼"。另外，在运营方面，为了追求高利润，有些司机会故意绕路、虚计里程、拒绝近距离的乘客等。而智能车由人工智能算法控制，不易受情绪的影响，严格按规定路线运营，价格上童叟无欺。

比如 2024 年正式在武汉运营的"萝卜快跑"，在无人车接单方面就取得了不错的成绩。不需要赶时间的、不太喜欢与司机交流的、担心被宰的乘客，就有不少选择了"萝卜快跑"的无人车出行。但仍有不少人吐槽其是"苕萝卜"，在武汉话中即"不聪明"的意思，因为它在遭遇复杂路况时，不具备人类那样的果断决策能力，会犹豫不前，甚至需要依靠远程操控中心的人员来接管驾驶。2024 年 8 月我在北京乘坐一辆带辅助驾驶功能的智能车去机场，司机顺便给我演示了智能车自动驾驶的能力。在手不离开方向盘的前提下，智能车在高速上自动行驶的速度并不低，而且也会根据路况自动变道。在接近路口或换道时，还会及时并入更方便的车道。虽然表现已经很不错，但在高速上换道不如有经验的驾驶员果断。下了高速后，环境变得复杂，还是需要驾驶员来接管。

事实上，无人车的短板还有不少，主要是算法上的短板。

因为其算法的学习训练都是依赖于先前的交通运行数据的，当没见过的场景出现时，就有可能犯迷糊。例如，曾有一起特斯拉的交通事故，一辆白色车顶的货车意外倾倒在高速公路上，结果特斯拉错把车顶识别成天空，没减速就撞了上去。这种没见过的意外，通称为极端案例（Corner Cases），很难完全规避；另外，由于其算法与人类驾驶的思维逻辑并非完全相同，所以存在被（恶意）攻击的风险。有人曾在"Stop"停止牌上加上黑白小长条，结果智能车将停止牌识别成限速45千米/时的标志。如果恰好此时直行道有车正高速行驶过来，那撞车的风险就将大大增加。不仅如此，无人车还有"智障"的时候。比如有报道显示某智能车在经过墓地，甚至空无一人的地下车库时，中控屏幕上会显示有活人在车周围活动、走路。由于它能分析车内的语音信息和视频信息，也有泄露隐私的潜在风险。

因此，尽管人类希望智能车能尽快达到 L4 以上无人驾驶的级别，但鉴于以上各种因素，还只能做到 L3 级别甚至 L2 级别的智能驾驶①，要么就只能在有限区域内进行自动驾驶。如果把只有辅助驾驶功能的智能车当作全自动驾驶车来看待，甚至完全由其自动驾驶，那潜在风险将非常大。

游戏与棋类运动：模拟游戏，人工智能露锋芒

由于技术上的困难，L4 级自动驾驶在现实环境里，目前还难以实现。但在游戏世界里却毫无障碍。

游戏和棋类运动是人类很早就希望人工智能涉足的领域。早在"人工智能"（Artificial Intelligence）这一名词正式提出前，IBM 公司的亚瑟·塞缪尔就于 1952 年发明了西洋跳棋程序和人博弈。此程序在 IBM701 上运行，塞缪尔在对弈的过程中发现，随着对弈次数的增加，该程序的棋艺越来越好。他也因此在 1956 年提出了"机器学习"（Machine Learning）的概念。

由于跳棋程序一开始的战绩还不错，其他人工智能成果也表现不俗，身处第一次热潮中的人工智能专家们十分乐观，觉得不出 10 年人工智能就会达到甚至超越人类的水平。但好景

---

① L2 级别是部分自动化，人需要持续监控并准备随时接管车辆，L3 级别在特定条件下可实现完全自动驾驶，人只需在必要时接管。

人工智能的边界

不长，很多跳棋选手发现了程序的漏洞，随即击败了它。

等到国际象棋的世界冠军卡斯帕罗夫被人工智能程序"深蓝"战胜时，已经是近 40 年后。又过了 20 年，到 2016 年，人工智能才撼动了另一项棋类运动——围棋。回顾人工智能在棋类运动上的努力，真是"路漫漫其修远兮"。

选择围棋的原因在于，它的棋着变化远多于国际象棋。围棋棋盘有 19 乘 19 共 361 个格子，每格能下黑白两种棋，加上空格也就是有 3^{361} 这样一个天文数字的搜索空间。如果人工智能能在围棋上取得胜利，那意味着它的能力有了质的飞跃。

2016 年阿尔法狗（AlphaGo）首次战胜了围棋世界冠军李世石，随后不久又战胜了我国著名棋手柯洁。通过分析对弈的棋局，人们发现 AlphaGo 下出了 300 年来棋谱里未曾见过的开局妙招。

从此，人类围棋被翻开了新的一页，围棋比赛都开始选用阿尔法狗的开局方式，否则就有输棋的风险。而挑战人工智能围棋选手的想法，已经被彻底放弃，因为完全看不到希望。

究其原因，是阿尔法狗在学习围棋下法时，采用了不少新的方法来提升其技能。比如为避免天文数字级别的搜索，采用了能较快地找到可行解的蒙特卡洛树搜索策略；将每次落子后的棋盘看成图像，通过数黑白目的方式，人工智能算法能判断出大致的赢率；人工智能还会利用大量已知棋局进行监督学习；采用对可能值得下棋的位置进行累计奖惩的强化学习。这些策略让阿尔法狗如虎添翼。在进化到升级版阿尔法零（Alpha-Zero）后，它甚至不需要向已有的棋局学习，从零开始自学习，就能达到与阿尔法狗一样甚至更强的下棋能力。

在围棋领域取得全面胜利后，人工智能研究者们也开始涉足其他游戏项目，比如麻将。因为麻将中有三方的牌面看不到，其复杂度高于围棋，但人工智能在麻将项目上也获得了显著的提升。此外，在暴雪娱乐发行的即时战略类游戏《星际争霸》中，在限定规则的情况下，阿尔法星（AlphaStar）曾与人类的职业游戏玩家进行对战，结果人工智能也取得了10:1不错的胜绩。

人类甚至还为战争设计了模拟"游戏"平台，来让人工智能学习。比如最近一家名为"苍鹭系统"的公司开发了一套人工智能空战系统。人工智能与战斗机飞行员一起使用F-16战斗机在该系统模拟中进行对决，双方均不能使用导弹，只能使用机炮作战。在2020年8月20日举办的阿尔法狗斗（DARPA AlphaDog fight）挑战赛的人机大战中，该公司设计的人工智能算法在虚拟空战中以5:0的优势击败了人类战斗机飞行员。

从某种意义上来说，游戏也是推进人工智能进入第三次热潮快车道的主要原因之一。早在电脑CPU还处在奔腾处理器的时代，游戏的3D渲染需要将人物或场景分解成若干个小的三角形贴片，然后分别计算这些贴片在游戏中的变化情况，再将它们拼接成完整的人物或场景。为了保证游戏的流畅性，常采用图像处理单元（Graphical Processing Unit，俗称 GPU，也称为显卡）来并行计算这些三角形贴片的变化。由于以前的算力不够，三角形贴片做得又大又丑，人玩游戏的时候很容易眩晕。如今，显卡的并行处理能力已经很强大，比如 2024 年 8 月推出的游戏《黑神话：悟空》在英伟达显卡 RTX4090D 的支撑下，就能让用户获得非常流畅的游戏体验。

除了玩游戏，随着深度学习的兴起，科学家们发现显卡的这种并行能力可以用于加速深度网络对数据的学习和模型的训练。于是，显卡便成了深度计算必不可缺的硬件。正是由于敏锐地发现显卡并行计算的市场潜力，英伟达公司才开发了专门用于显卡并行计算和深度学习的编程语言 CUDA。而人工智能在 2012 年后，多数深度模型都严重依赖于该硬件，以至于英伟达公司市值在 2024 年迅速飙升至全球第二。正所谓，人工智能与游戏互相促进了彼此的发展。

工业智能：工业竞争力要强，人工智能是纲

人工智能不仅能助力游戏，也能助力工业提高产能。

工业涵盖了通过自动化和机械化加工的行业，包括轻工业、重工业等，是国民经济的重要支柱。而工业上的自动控制与人工智能，基本上不分家。科学家罗伯特·维纳撰写的《控制论》（*Cybernetics*），堪称自动化领域的开山之作，其内容实际上是研究生命和机器的通信与控制理论。从本质来看，人工智能也可以视为一种学习"控制"的理论。

工业里的智能有大有小，大到过程控制，小到零部件的故障诊断，都有对人工智能应用的需求。

在工业控制中，与人们生活贴近且常用到人工智能的场景是流水线上的目标检测，比如瓶装水、瓶装啤酒。这些产品对液体的容量有严格规定，要求出厂前统一标准，比如一瓶水的容量要求是 550ml。但由于填装设备工艺的不稳定性，总有可能出现不合规格的产品。如果这些产品被包装好送到用户端，就很有可能让用户对企业产生不良印象。因此，提高良品率是这类产品线需要解决的问题。常见的方法是将其与正常的水瓶和酒瓶匹配，液体高度一致则合乎标准，否则就需要拎出来重新装填。

与人工相比，人工智能检测更高效，且不受身体状态和情绪的影响，甚至连灯都不需要，因为所有的检测项均可以通过

人工智能的边界

红外检测仪和视频探头获得数据后，再分析处理。结果是，流水线上的不少作业被人工智能算法控制的机械所代替。更有甚者，如富士康公司还推出了"熄灯工厂"，连照明的电费都省了。

关于流水线上的智能检测，还有过一个嘲笑成本的老梗。据说某公司希望用人工智能技术检测流水线上肥皂盒内是否有肥皂缺失的问题，于是投入了 100 万元来进行研究。研发团队通过引入 X 射线来检测空盒情况，再通过模式识别算法区分空盒和有肥皂两种情况，最终出色地完成了任务。而一家山寨公司也想实现这一目标，但苦于手头经费紧张，于是到市面上买了台高功率的电风扇，放在流水线上。经过对风速的轻微调整后，成功实现了空盒会被轻松吹离流水线，而有肥皂的盒子则纹丝不动。这台电风扇的成本不到 100 元。

类似的还有羽毛球的质检，要剔除飞行不稳定的羽毛球，并不需要引入各种复杂的智能检测算法，只需用测球机将成品飞抛，检验员观测到飞行不稳定的次品，用羽毛球拍直接拍走即可，而落点不同的羽毛球还能分级整理。

虽然肥皂盒是老掉牙的梗，羽毛球的检测也没太多技术含量，但它们都在警示我们，做人工智能研发并非钱砸得越多越好，还是要学会使巧劲，善用简单方法解决复杂问题。

除了流水线的智能检测，仓储也是工业智能的重要应用领域。如美国的亚马逊公司、我国的京东都有智能仓储系统。在仓库里，有不计其数可移动的小型机器人。说是机器人，其实是自动导引运输车（Automated Guided Vehicle，简称AGV）。大点的 AGV 在仓库里搬运重物，小的 AGV 则负责分发各类小商品到快递员手中。在这个搬运或分发的过程中，少不了人工智能帮助识别路线、规划路线。但正是有了这套无人车系统，物流速度才有了质的飞跃。这个物流速度有的时候还会"抢跑"。比如有些公司会分析用户的购物行为，在还没下单前，就把用户想购买的货物提前预测出来。如果用户决定下单，会发现他购买的货已经在路上了。这就是利用人工智能算法提前预测用户购买行为的结果。

人工智能的边界

在工业智能中，人工智能也有用于检测的，比如检测各种大型电机的故障。由于电机外壳比较厚，不能随便拆机检查。要判断是否存在故障，检修工人以往是拿根铁棍贴着电机外壳，用耳朵仔细辨识机器运转时的声音，通过声音的不同凭经验来分辨是否存在故障。但这种人工的方法显然无法做到长时间、远距离监控，也不便于传授给其他人。而人工智能方法可以通过安装在电机外侧的设备不间断、实时监控，根据电机声音变化和其他相关参数变化，进行有效快速区分。因为都是根据算法进行智能检测，人也不用亲临现场。如果搭载网络通信模块，远距离监控都没问题。人工智能算法的引入还能帮助检测高空缺陷。如山区电力线路的检测、高层工业建筑的裂缝检测等，都可以借助具有人工智能能力的无人机来完成，大大降低了维护工人高空作业的风险。

当然，人工智能也可以应用于更细微的领域。在芯片的制造上，我们面临着如何有效检测芯片的缺陷问题，如虚焊、焊点缺失、连接片断裂等，通过结合显微镜拍摄或其他检测手段，再辅之以人工智能检测和分析算法，这些问题已经得到一定程度的解决。

不难推测，工业若要形成领先国际的竞争力，人工智能的融入程度在今后会起决定性的作用。

交通违章：智能监控，规范文明出行

人工智能不仅能为工业赋能，也能帮助规范人的行为，比如减少交通违规行为。说起来可能大家不相信，交通违章检测曾是人工智能最赢利的应用之一，尤其是在智能算法刚开始应用于此方向的时期。

曾几何时，人们遵守交通规则的意识还相对淡薄，闯红灯现象时有发生，不管是机动车、非机动车，还是行人，各种交通违章行为层出不穷。这导致我国的交通事故死亡率比较高。据不完全统计，20多年前每天因交通事故死亡的人数相当于一架 737 飞机坠毁的伤亡人数。

显然，光靠自觉来解决交通违章问题在当时难以奏效，但要靠交警亲自执法，人力成本和时间成本又很高。为此，交警部门开始尝试安装各种智能设备来监控违章行为。

为了监督闯红灯行为，交通部门会在红绿灯杆下埋设感应线圈，并在停止线与人行道之间设置感应线。如果车辆闯红灯，就会触发感应线圈控制的摄像头，并完成对违章车辆的拍摄。但是，维护感应线圈需要挖开路面，会影响车辆在此路段的正常通行，于是有了在实时监测视频上叠加虚拟线圈的方式。智能算法一旦监测到通过虚拟线圈时的违章行为，如闯红灯、超速等，便会拍摄至少 3 张图片：1 张是违章瞬间，1 张有清晰的车牌号，1 张是全景图片。好的算法还能自动识别出车辆牌照号，并上传至交警管理系统。

自从试点成功以后，基于人工智能的交通违法监控系统得到快速推广，从零星的布点到现在的天罗地网。判别范围从单一的闯红灯行为扩展到了《道路交通安全法》涉及的大多数场景。如在未划定停车区的位置违停，通常会有一个自带云台的摄像机监控其管理的区域，发现有车辆3分钟未挪动便会拍摄上报。高速公路上的超速行驶常通过安装在公路中间或正前方的摄像机连续多帧拍摄，并根据车辆位置的变化来智能计算时速。为了保证拍摄时有足够的亮度，每逢车辆经过时，都会亮起耀眼的闪光灯。还有实线变道、不按指示标志行驶等违章行为在交通路口也比较容易发生。我在回老家时，曾因不熟悉地形，开车误从直行道右转，结果被拍后扣3分罚200元。

随着越来越多的智能违章检测系统的上线，人们发现了一个有趣的现象：交通路口横杆上的摄像头越来越多，就像一群鸟蹲在电线上一样，又似有一群摄影爱好者在争相给违章者拍照。其实际原因是一个摄像头只对应一套特定的违章检测系统。而更深层的原因是，当驾驶员发现有检测违章的摄像头后，就会自觉遵守相应的法则，这导致原有的违章系统在使用一段时间后就失效，拍不到相应违章行为。于是，只好安装新的违章智能检测系统。而每次新上的违章检测系统，在设计上和性能要求上显然高于先前的，毕竟容易解决的问题已经被解决了。

目前的交通违章智能检测系统不仅针对机动车，也考虑到

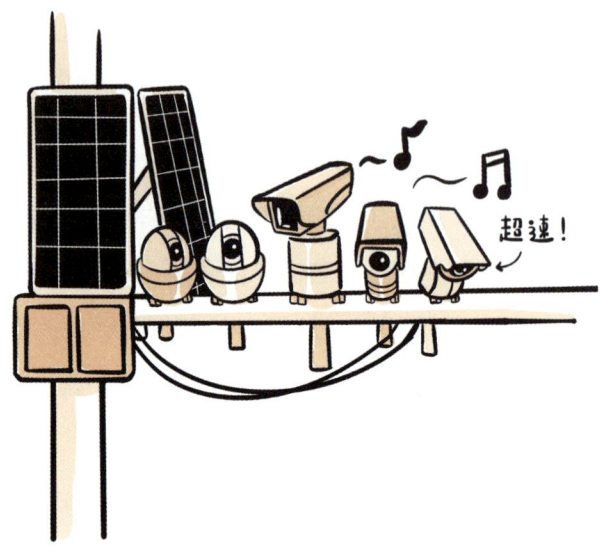

了行人的违章行为，如人行道两侧的显示屏经常会显示闯红灯行人的照片和对应的部分身份信息。最近，甚至有系统拍到行人在马路上跑步的违章行为，这意味着行人交通违章行为的辨识任务开始变得更为复杂。

当然，交通违章的拍摄也并非尽善尽美，还是存在不少问题。比如拍摄不系安全带的违章行为时，就有可能把穿有斜杠条纹衣服的人错误识别。再比如识别人的身份时，也可能错把汽车广告上的人识别成真人，或把小动物识别成人。

虽然交通智能违章检测系统的目的是监控违章行为，但从长远来看，它也直接提升了全民遵守交通法规的意识，让交通变得越来越安全，城市也越来越文明，减少了因交通事故而带来的家庭悲剧。

人工智能的边界

短视频与直播：真亦假时假亦真，数字人直播难辨真

交通违章的其中一个因素是驾驶员走神，比如，现在不少驾驶员在停车等红灯时会拿出手机刷短视频。这种行为有风险，也是不被允许的，但其背后的原因是，随着智能手机的普及和网络速度的提升，短视频平台已成为老百姓喜爱的主要媒体。毕竟，人类获得信息的渠道 80% 来源于视觉，正所谓"一图胜千言"。

伴随短视频平台一同成长起来的，是大量的 UP 主。这些 UP 主要想从短视频平台中脱颖而出，视频内容的选材、拍摄、剪辑、推流都十分重要，这些环节是决定视频能否获得流量和被推荐的关键因素。

在短视频媒体刚推出时，人工智能的元素相对较少，视频里的字幕需要人工加上去，费时费力。而今，人工智能已经赋能于视频制作的各个环节。

在美化视频方面，平台推出了眼花缭乱的短视频编辑插件。比如"拉腿"功能，虽然只是简单的人工智能应用，但确实让不少 UP 主一下拥有了修长的腿，从某种程度上帮助他们增加了流量和粉丝量。不过，人们不经意间会发现背景墙也跟着修长或变形了。此外，各种美颜小插件让视频 UP 主变得越来越自信，如放大眼睛、瘦脸、美白诸如此类的功能，提升了观众看视频的停留时间和完播率。当然也有反向操作的，比如有些唱歌 UP 主故

意用人工智能将自己的脸"老龄化"，因为唱歌的声音依然是年轻人的，听众会觉得反差极大，好奇这位"老人"如何还保持着年轻人的音色和唱功，结果粉丝量反而大增。但这些图像和视频上的操作，都离不开人工智能算法对需要美化的 UP 主在视频中的实时跟踪和相应的人脸变化处理。

在字幕编辑方面，随着语音识别能力的加强，在视频上加字幕的时间也节省了大半。比如在吉他弹唱视频中，如今的语音识别算法能快速识别出歌词，甚至能分辨出普通话、粤语和英语。人们只需要对算法识别有误的一部分歌词进行纠错，而不再需要一个字一个字地键入字幕。这无形中降低了 UP 主制作短视频的门槛，也增加了短视频制作的数量。

人工智能也在提升后台数据的分析和内容推荐能力。要做到精准地将视频推荐给真正想看的用户，利用人工智能算法抓取视频内容和学习用户的浏览习惯都非常重要。值得注意的是，大模型出现后，对视频的内容学习增加了文字总结的新功能，这在不少平台已经能见到。

除了推荐，还有封堵功能的需求，即及时发现那些不适宜传播的内容。由于每天上传的视频数量极多，短视频平台只能靠人工智能算法进行初筛，然后再由人工对不确定的内容进行再次甄别。

短视频平台不但能供人欣赏视频，更重要的功能是买卖商品，比如直播带货，这才是平台能做大的支撑性因素。因为能够实现精准的内容与用户的匹配，与传统营销模式相比，短视频平台的直播带货能更有效地将拟销售的商品推送给想购买商品的用户，从而大大减少了无关因素的影响，成为线上销售的主要渠道之一。

而能做到精准匹配的短视频平台，也很自然地成为商家青睐的平台。不过，要靠直播获利，三天打鱼两天晒网是无法得到持续流量的。何况人又不是机器，于是，数字人直播便应运而生。数字人可以 24 小时不停地直播，确保"主播"始终在线，也就不容易被短视频平台略显"神秘"的流量分配算法所遗忘，同时也提高了直播带货的交易量。

数字人一般分两种，一种是纯粹通过人工智能生成的。从目前的技术来看，它无法像真人一样有丰富的细节。另外，由于与主播有较大的形象差异，直播时获得的流量支持也相对少。另一种是直接对直播主播本人进行有绿幕背景的视频采集，通过限定一些规定动作（如挥手、摇头等）获得初步的数字人形象，再利用人工智能算法来生成更多的动作。如果将声纹采集的数据也同步训练学习，那么数字人就能用以假乱真模拟主播的声音来进行随后的直播。

如果根据每次拟直播的内容，由人工智能生成文案，并转换成数字人语音，辅以数字人视频，那就可以实现更智能化的数字人。

从目前的数字人直播水平来看，数字人还有诸多不足之处。比如动作还是不太自然，与背景的融合也做得不好。这使得数字人和真人之间比较容易分辨。

有意思的是，人工智能做的数字人、图像或视频还能帮助增粉。比如通过大量使用这些人工智能生成的内容来创建账号。如果文案使用恰当，有可能能让其中某些号实现快速增粉，这可以算是一种低成本但相对高科技的运营模式。

随着人工智能大模型的出现，文生图、文生视频、文生音乐等技术已经被广泛应用。我们也因此能看到不少短视频是完全由人工智能算法生成的，而在未来，这一类的短视频会越来越多。尤其是针对老百姓浏览量大、完播率高的 15 秒短视频这一块，人工智能生成的短视频毫无疑问将会占据比以往更大的市场份额。

人工智能的边界

多语种翻译：出国旅游，智能翻译便交流

听声音识别文字对短视频制作很重要，而如果听声音能识别不同语种并能自动转换语种那就更理想了。这里面涉及的人工智能核心技术是机器翻译。

机器翻译是人类的梦想之一，因为它能帮助不同国家、不同语言的人们实现无障碍的交流。早先为了方便沟通，波兰籍的眼科医生拉扎鲁·路德维克·柴门霍夫（Ludwig Lazarus Zamenhof）博士于 1887 年 7 月 26 日在印欧语系基础上发明了一种人造语言——世界语（Esperanto），希望地球上的人类可以用这个中立通用的国际语来交流。尽管它的语法相对简洁，基本字母也只有 28 个，但毕竟是一门新的语言，需要花时间学习。人类更希望能有一种机器，可以帮助人们跨越语言、地域等限制，实现自由交流。

第一次机器翻译出现在 1954 年，由美国乔治敦大学与 IBM 公司合作研发的演示系统，将 60 个来自不同领域的俄语句子翻译成英文。由于此系统的成功，随后有大量的研发投入，期望机器翻译产生更大的性能提升。然而，受限于当时的软硬件环境，进展和效果都不如人意。到 1966 年，机器翻译投入大幅减少。

近年来，随着语音识别技术、字符识别技术的提高，加上深度学习上的大规模语料库训练，多语种翻译终于有了良好的

性能和落地应用。如谷歌研制的 Pixel Buds 耳机可以实时进行 40 种语言间的互译。比如用户可以先告诉耳机"帮我说英文"，随后用中文说出想表达的内容，耳机便能自动将英文通过蓝牙联接的手机扬声器说出来。我国的科大讯飞在多语种翻译方面也研发了不少产品，如翻译机、翻译笔、翻译耳机等。

由于人工智能在多语种翻译的语言素材积累方面远比个人记忆能力强大，在跨专业多语种翻译时，人工智能多语种翻译有着明显的优势。因为很少有人是通才，也很少有人能懂多国语言。毕竟像赵元任这样的精通多国语言、33 种方言的语言大师，那几乎是凤毛麟角。

因此，对于不太需要非常精准翻译的环境，人工智能多语种翻译毫无疑问将取代一部分翻译的工作。比如普通人出国旅行时，如果不懂当地的语言，人们只需要携带一部翻译机，而无需额外付费请翻译，就可以实现基本的交流。这可比以往出国旅行时，买卖双方因语言不通拿计算器来讨价还价的情况强多了。具备大语言模型推理能力的"资深"翻译机甚至还能充当老师，教人学习外语。目前市面上已经出现了这种利用翻译机教小孩学外语的连锁店。

但多语种翻译也有它明显的短板。在要求高度精准的同声传译场合，多语种翻译仍然难以与人类的翻译相媲美，比如在同声翻译中，还达不到像人一样的反应速度和实现信达雅的翻译水准。另外，在理解语言的情境方面，人工智能缺乏人类

人工智能的边界

的察言观色能力，也无法从相对长的时间尺度去分析语言的结构。此时，人工智能的多语种翻译就很可能变成"智障式"翻译。

不仅如此，多语种翻译的水平还依赖于对语言本身的理解和对不同文化间语言表述的把握。在中文自然语言处理上，其中就有很多容易产生歧义的表达形式。比如"中国乒乓球队大胜日本队"和"中国乒乓球队大败日本队"，如果翻译成英文，两句话是相反的意思，但在中文里却表达同一个意思。再比如"你算什么东西"这句话，如果与计算相关，这是询问句；如果与情绪挂钩，这就是骂人的话。

还有多音字的问题，比如我国语言大师赵元任的《施氏食狮史》："石室诗士施氏，嗜狮，誓食十狮。施氏时时适市视狮。十时，适十狮适市。是时，适施氏适市。施氏视是十狮，恃矢势，使是十狮逝世。氏拾是十狮尸，适石室。石室湿，氏使侍拭石室。石室拭，氏始试食是十狮尸。食时，始识是十狮尸，实十石狮尸。试释是事。"全文只有一种发音，而文字却不相同。要想理解中文都不容易，再翻译成其他语言就更容易弄巧成拙，也很难传达出作者写这篇文章的意图。

再者，当原作者的写作能力本来就欠佳，且母语也非英语，在文章的组织、逻辑都不顺时，要想直译这样的作品（尤其是非文学作品），而未对全文消化理解，翻译出来的作品会相当晦涩难懂。如果是专业书籍，很可能会出现看译著不如看原作的情况。这对费尽心力才完成翻译的译者来说也是个打击。而翻译文学作品的难度，不亚于自己创作。对于这些问题，人工智能可能同样无法解决。

所以，人工智能的多语种翻译尽管现在有了很大的能力提升，但要做到完全自如地理解不同语种，还需要做进一步的研究和探索。

而回到专业选择上，我们也能看到，人工智能会替代一部分只需要简单翻译的工作。那么，未来的外语专业学生在找工作时就很有可能会碰到人工智能作为竞争对手的情况。但对有更高层面、更精准要求的工作，我相信，外语专业并不会消失，但市场萎缩却是必然的。

学翻译也是有必要的。一来掌握多国语言本身就是一种能力，它能提升人的整体素质；二来有大量的国际合作与交流，无论是商务谈判还是翻译书籍，都需要靠谱的翻译。而当前的

人工智能的边界

大模型很有可能会给出不靠谱的回答。如果盲目相信，很有可能被"带歪"；三是有些外文书在翻译过程中，译者可能会出于某些考虑或基于自己的理解，重新诠释或删减。如果自己懂点外语，阅读原文后可能会更好地还原原文的意思；四是随着人工智能翻译的出现，未来可能会多出一个给人工智能翻译校对的职业。

实际上，现在也有学校意识到，要结合外语专业与人工智能来适应新时代的需求，比如复旦大学就新增了四个"外语类专业 + 计算机科学与技术"双学士学位的项目。

这些情况表明，虽然人工智能存在让部分外语专业的人员失业的风险，但学翻译依然有用武之地，而融合人工智能则有可能让外语专业的人员拥有更灵活的就业模式或更强大的翻译水平。

音乐智能：音乐家梦想，人工智能助实现

人工智能对翻译的影响不小，对音乐也是如此。对人工智能来说，翻译的语言和音乐中的元素都可以看成是随时间变化的序列，即时序数据。

在音乐领域，人工智能的渗入颇多，从音乐推荐、教学辅导到音乐创作等各个环节，到处都能见到人工智能的影子。

音乐推荐中一个比较有趣的人工智能应用是"哼歌识曲"。

有时候，我们在路上、在车上听到一首好歌或者一段好的旋律，就特别想知道是什么歌曲。如果是普通话歌曲，也许还可以根据听到的只言片语进行网络搜索，但如果是方言，比如粤语歌或者英文歌，听力不好的人很难把歌词记下来。但不管是哪种情况，哼唱出旋律比记歌词要容易得多，利用人工智能算法来分辨旋律对应的歌曲的软件便应运而生。只用哼出旋律，或听听收音机里的旋律，手机里的人工智能算法就会将旋律与数据库里的歌曲做自动匹配，猜出最有可能的歌曲。

有了人工智能，猜歌变得方便不少。人工智能算法还能根据用户听歌的喜好推荐歌曲，无论是经典老歌还是新歌，都能进行智能推荐。其中的技巧在于，那些拥有歌曲版权的公司（如 QQ 音乐），会对每首歌曲打上若干标签，诸如男歌手、女歌手、流行、古风、摇滚、Funk、雷鬼之类。当用户在一个平台听歌久了，便会在某些标签上获得更高的权重。这些音乐平台便能根据用户的听歌习惯画像推测用户喜好，并优先推荐风格相同或接近的歌曲。

人工智能还能帮助人们提高音乐素养。以唱歌为例，很多人喜欢唱，但却不知道自己的水平到底怎么样，如何改进。一些唱歌软件（如全民 K 歌）便提供了方便跟唱的、带音调和音长的节奏线，用户只需按节奏唱即可。这比看简谱或五线谱简单不少。同时，软件也会智能分析偏离节奏线的情况，以及唱歌时的声音状态，如音准、节奏、气息、情感、技巧等，并给出类似雷达图的多维打分图。歌者根据打分情况，就能知道自己在哪些方面存在短板，从而着重进行改进。

随着大模型的出现，它甚至可以学习歌者的声音，比如从曾经唱过的歌里学习出歌者的音色、唱歌习惯等，再根据一首新歌来合成以假乱真的独唱。像王菲的《如愿》，我就曾将自己之前唱过的 10 首歌放入模型里训练，然后生成了一首我独唱的《如愿》。当我朋友听到时吓了一跳，误以为我唱功突然精进，经过解释后方知是人工智能代唱的。

人工智能既然能帮助改进人的唱歌，自然也能改进对其他乐器的学习。比如钢琴，如果跟老师学，一般是一天学习一小时左右，一周一次，其他时间靠自己练。但如果利用人工智能来分析平日弹琴的视频，就能在去老师那学之前，及时进行指

法的纠错，真是降本又增效。

人工智能不仅能辅助学习音乐，还能创作出不俗的音乐。2024 年初基于人工智能算法的编曲软件 Suno 出现后，曾短时间内形成一股人工智能作曲风潮。

人们能用 Suno 快速生成各种类型的歌曲，甚至可以把《让我们荡起双桨》这样经典的儿歌改编成摇滚。这背后的人工智能技术自然是大量学习了以往人类编曲的风格，再根据歌词进行二次创作。其核心步骤主要包括三大块：一是符号音乐生成，即将音乐看成是时间序列，利用时间序列模型来预测未来的旋律走向；二是音频音乐生成，即通过深度学习模型来处理音频数据；三是音乐人工智能生成模块，在此模型下，可根据提示词来生成歌词，并通过语音合成技术形成与旋律匹配的歌声，最后根据文字表述和歌声来生成伴奏的音乐。

人工智能在音乐方面还有大量的应用。它从某种意义上压缩了音乐家们进行简单音乐创作的盈利空间，比如在一本书里融入一些简单的配乐，原本需要向音乐家支付较高报酬才能完成，现在可以省掉这部分费用，由人工智能代为编曲。

当然，从音乐的角度，人们更关心人工智能是否能创作出音乐杰作。我认为这是有可能的，但是在如今音乐作品达到海量级的情况下，要想让一段作品被人们听到不是一件容易的事。QQ 音乐里每天都会上传上万首歌曲，可是因为推荐算法的原因，大部分歌曲很少被人听到。未来，人工智能产生的歌曲量肯定远多于人类，但能否让这些歌曲也能被人听到，甚至成为杰作或者变得流行呢？这可能不仅需要人工智能制作的音乐达到大众的审美标准，还需要有音乐以外的因素来推动。

3　意想不到的人工智能应用

不少人工智能研究者在人工智能的应用落地上，长期保持着乐观情绪。因为他们认为，只要能将问题形式化成人工智能可以理解的数据，那么就有可能构造出相应的学习模型。利用数据充分训练学习模型后，便能将问题部分解决。在此理念下，人工智能也产生了不少意想不到的应用，本节将试举几个相对有意思的例子。

还原古代文明遗迹：见证历史，智能先行

2023 年 3 月，国际上举办了一场复原古代卷轴文字的公开竞赛。这个比赛的难点是，比赛采用的卷轴并非正常的卷轴，而是在公元 79 年维苏威火山喷发后被掩埋在庞贝古城附近的、碳化了的赫库兰尼姆古卷。文字本身也非现代常见的，可能缺乏参照样本。要解决这两个问题，一是需要从烧焦的卷

轴里寻找到疑似的字迹，二是还原文字。

因无法打开卷轴，研究人员只能先期通过粒子加速器对其扫描，生成 4 微米分辨率的三维 CT 扫描图像。到 2023 年 7 月，研究人员又通过人工智能方法检测到卷轴上的墨水，并将卷轴分割成小的片段后成功"摊平"，以方便后续分析。来自美国的学生卢克·法里托（Luke Farritor）根据一位研究者在卷轴上发现的类似墨水的裂纹模式，通过突出小范围的差异和标记一些可识别的字符，并用神经网络进行训练，最终成功破译了 10 多个字符，赢得了 4 万美元奖金。

由于年代久远以及文明传承中存在各种原因导致的不连续性，古代文明有大量需要解读、还原的内容，单靠现有的人力和少数（考古）专家的经验，是远远不够的。

比如敦煌莫高窟的壁画，最有名的是飞天仙女图。然而，经历千百年的时光流转、风雨洗礼、细菌侵蚀，不少壁画失去了原有的光泽，有些内容随墙皮脱落已不知所终。要还原昔日的辉煌，就需要专业人士来修复。而对壁画的修复，一是需要对历史文化有一定知识储备；二是要有足够的想象力，尤其是对缺失部分；三是由于文物珍贵，修复工艺相当复杂且耗时。

如果利用人工智能技术，先对壁画进行数字化处理，提前预测壁画的真实颜色以及缺失部分，还原工作就会容易一些。比如可以利用图像分割算法，将可能要处理的人物从壁画中分离出来，再利用人工智能色彩学习算法还原其可能的原有颜色，甚至可以将人物从壁画形式演变成真人图像或真人视频。值得指出的是，Meta 公司于 2023 年提出的分割一切模型（Segment Anything Models，简称 SAM），可能帮助解决壁画还原时存在的诸多问题，如局部人物着色等。

而补全缺失部分也是近年来人工智能的强项，因为它能根据收集的大数据来辅助推测缺失部分的内容。由于人工智能可以快速生成以上两个问题的大量数字化结果，这为考古研究者和文物保护者提供了丰富的可选项。他们再利用专业背景从这些选项中遴选，便能得到更为合理的还原和补全方案，并在此基础上进行文物修复。

当然，在还原古代文明遗迹方面，人工智能不仅可以用于各种画作如壁画、水墨画的还原，也可以用于古代文字与诗句的识别、补全等。以象形、指事等造字法而成的甲骨文为例。自 1899 年甲骨文被发现以来，已知的不重复单字有近 4000 个，其中被解读的约 1160 个，仍有 2000 多个字尚未被破解。

但随着时代的进步，甲骨文研究已经慢慢淡出人们的视线，成了冷门专业，研究人员数量已今非昔比。在人力不足的情况下，利用人工智能赋能甲骨文的研究便有了好的动机。

比如现在的大语言模型可以将汉字、英文拆解成多个基本单元（token），自然也可以对甲骨文进行拆解，对已解读的"偏旁部首"建立对应的解释或词典，并用其训练大模型。当发掘出来的文物中有目前没见过的甲骨文字时，就可以利用人工智能来分解其文字的偏旁部首，并从大模型中推断出相近的解释，最终解读出这些文字对应的现代汉字是什么，以及由这些甲骨文组成的语句又有哪些意思。

　　毫无疑问，古代文明遗迹里不只有甲骨文，还有其他能见证历史的文物。我们有可能利用人工智能从这些遗迹里部分还原出失落的文明。

红衣翠袖舞云端，
金粉琼浆洒玉盘。

智能睡眠：梦回唐朝，人工智能保驾

　　不仅可以用人工智能方法还原古代文明，梦回唐朝的奇幻之旅或许也能实现，因为人类在睡眠时，拥有超脱于凡尘俗世、自由畅想的能力。

睡眠对人类来说，可能是帮助智能发育的一个重要环节。人睡着了经常会有"一梦胜十年"的感觉，说明梦里的"人生"是在加速运转的。它也间接帮助我们预警了某些未知危险、提醒了自身的不足和改善了与朋友之间的关系等。奥地利心理学家西格蒙德·弗洛伊德的经典著作《梦的解析》和我国知名的《周公解梦》，都是旨在理解人们的潜意识在梦中的表象。而庄周梦蝶的故事，则是从哲学层面思考了梦境和现实的真假之分。它与人工智能领域里的经典思想实验"缸中之脑"，虽然是"一东一西"，却有着异曲同工之妙。

人工智能领域的深度学习之父辛顿，也据此设计过一套基于睡眠、醒来策略的深度学习算法。策略包括醒来（Wake up）和睡眠（sleep）两部分。醒来时用实际数据训练，睡眠时则生成虚拟数据反向训练模型，两者交替进行，直到算法收敛。

不仅如此，睡眠对人类的健康也至关重要。从统计意义上来看，8 小时睡眠对成年人是必要的。当然单说时间没有意义，睡眠质量更为重要。有些人睡五六个小时便能生龙活虎。有些人睡 10 小时，还是觉得全身酸痛，无法从前一天繁忙的工作中恢复过来。显然前者恢复体能的能力要强一些。

既然睡眠对人类如此重要，帮助人们改善睡眠质量也就有重要意义，而这在一定程度上可以求助于人工智能。最常见的场景是佩戴智能手表。现在的智能手表能够通过光电传感器对皮肤下的血液流动情况进行监测，根据其周期性的变化获得人的心率。从血液流动数据中，还能进一步提取浅睡眠、深睡眠两种状态，以及它们各自的时长。通过统计分析，能粗略评估睡眠质量。不仅如此，数据中还能分析出潜在的呼吸暂停的情况和发生频次，从而可以给佩戴者提供警示。类似的产品还有戴在手指上的智能指环。需要注意的是，这些手表和指环主要还是被动地分析睡眠数据。

在主动改善睡眠的智能设备中，以控制打鼾为例，最简单粗暴的方式是使用"智能"止鼾手表。这种手表能够辨识人在睡眠时的鼾声大小。当发现鼾声异常时（如突然声音增大或停止），则会判断为呼吸暂停，手表会释放出适当强度但足以让呼吸恢复正常的电刺激。不过，因为每个人的身体状况不同，要设置准确电刺激的强度并不容易。如果电刺激强度过大，人很可能会被电刺激到痛醒过来。

更高级的设备则是呼吸机。多数呼吸机能通过分析用户呼吸时的状态来自适应地决定送气的力量。当监测到呼吸暂停时，呼吸机能通过加大送气量，确保用户有足够的氧气输入，以帮助用户维持正常的呼吸。然而，呼吸机主要适用于存在相对严重呼吸障碍的"患者"，因为毕竟需要佩戴外部设备，并不是一种自然的方式，对轻微患者来说反而不是特别必要。

取其平衡，智能床垫应运而生。与智能手表、呼吸机不同，它可以将检测睡眠的传感器内置于床里，而无需人穿戴在身上。同时，床还可以根据个体差异来自适应学习最佳睡眠的姿态。比如检测到鼾声后，人工智能控制算法会自动调节睡眠者头部一侧床的高度，以便睡眠者有更多的进气量，从而降低鼾声。除了鼾声，人工智能算法也可以学习睡眠者长期睡姿与相关健康指标间的关系，从局部调整床垫形状，以便能最大程度地帮助睡眠者从疲劳中恢复。

当然，在未来，智能音乐的陪伴也不可或缺。有研究显示，音乐对于某些疾病有好的治疗作用。通过人工智能算法，设备学习出主人最喜爱、最易获得松弛感的催眠音乐，而非通过令人厌倦的强制性内容（如自己学得不太好又听不懂的英语）来实现催眠效果。这将是智能睡眠应用的一大发展方向。如果与大模型结合，这些音乐还可能由人工智能自动生成。

因为人人都需要睡眠，而且一天中几乎三分之一的时间是花在睡眠上，所以在睡眠领域引入人工智能，其挖潜空间相当大。如果有朝一日，人类开始远离实体经济，那么就需要有类似的虚拟世界来维系，此时移植睡眠智能的相关技术必然大有可为。

元宇宙：人工智能一统虚实

耶鲁大学计算机教授戴维·杰勒恩特（David Gelernter）的小说《镜像世界》，其中就提到了采用数字模拟来建造一个与现实世界类似的镜像世界的可能性。应该说，这个理念其实已经十分类似于元宇宙。在小说中，作者预见了一种软件，它可以利用数字模拟来映射现实世界，从而彻底改变计算方式，并改造社会。而在 1992 年尼尔·斯蒂芬森撰写的科幻小说《雪崩》中，正式提出了元宇宙的概念。在小说里，他描绘了美国经济崩溃后，人们开始进入元宇宙世界生存。他在该书中对人类进入元宇宙的方式、逻辑、规则和潜在风险进行了"脑洞大开"的想象。

虽然概念提出得早，但真正火起来却是 2021 年。因为元宇宙里的诸多概念在 2021 年离实际应用仍有不少的距离，以至于有人开玩笑说，当时元宇宙最赚钱的赢利模式是做元宇宙相关的讲座。

元宇宙的英文是 Metaverse。其中，词根 Meta 是"超越"的意思。例如，Metaphysics 是"超越物理学"，即"形而上学"的意思。Metaverse 则是超越真实宇宙 universe 的意思，那就需要一个虚拟的平行世界。在这个世界里，每个真实世界的人类都会有一个平行的虚拟人物。它代替真人在虚拟世界里交流、玩耍。这种基于互联网的交际模式，也被称为 Web3.0。因为在 Web1.0 时代人只能被动地接收来自网络的信息，那是拨号上网的时代；在 Web2.0 时代，人可以参与网络信息的分享，如微博、微信等平台；而在 Web3.0 时代，人们将深度参与其中，称为"具身互联网"。在元宇宙里，世界是可以动态创造而非一成不变的。在这个数字孪生世界中，用户可以利用体感设备实现去中心化、高沉浸感的社交。

为了实现这一目标，一方面要建立起一个以假乱真的虚拟世界，另一方面需要提供与该世界配套的应用和服务。前者的主流发展方向是虚拟现实（Virtual Reality，简称 VR）。如苹果公司于 2024 年初推出的头戴式"空间计算"显示设备 Apple Vision Pro。它为用户提供了多种身临其境的虚拟环境，比如可以在空旷寂静的"月球"上办公，也可以在"湖边"隔湖欣赏影院级的巨幕电影。当遭遇真实世界障碍物时，如走动过程中快碰到桌子时，Apple Vision Pro 还能将头显部分快速转为能看到外界的透明镜片。这一系列的改进，让元宇宙的虚实互动变得更加友好。

人工智能的边界

与苹果公司研发元宇宙的路线不同，从 Facebook 改名而来的 Meta 公司，则希望在元宇宙的另一个方向发力。在2022 年 2 月 Meta 公司曾发布了一套面向元宇宙的人工智能应用系统。该系统设计了一套人工智能翻译软件，以帮助元宇宙中来自不同国家、不同语言的人们可以实现无障碍的交流。同时，Meta 公司设计了一个名为 BuilderBot 的软件来实现"所说变所见"的即时转换。比如在元宇宙里一座小岛上的人说希望天上有云，BuilderBot 软件便能实时分析人声，并根据人声的内容生成相应的云朵。Meta 公司的 CAIRaoke 项目还试图理解说话的语境，以确保交流内容的准确性，避免"走样"和产生误解。而其在 2023 年 4 月推出的分割任意模型

（Segment Anything Model，简称 SAM）则进一步推进了元宇宙的发展。它为计算机视觉领域的图像分割这个难题提供了好的解决思路和方案。该方案通过点、线、框、掩码加文本的模式，完成了 10 亿级不同形状掩码图像的目标标注，显著提升了图像分割领域的性能。而其潜在的能力则是可以帮助人们更好地完成元宇宙的想象、创建和体验。

不过，元宇宙的概念目前仍然还在萌芽期，它依赖的六大核心技术——人工智能、交互环境的设计、用于去中心化的区块链和交易方式、电子游戏技术、网络技术以及物联网，都还需要做进一步的优化和融合。同时，基于元宇宙的产业链形成也需要时间。但不管它是否成熟，未来有一块市场属于元宇宙是必然的，而人工智能就是帮助元宇宙连接虚拟世界与真实世界的关键。

餐饮智能：柴米油盐酱醋茶，人工智能赋能样样佳

虽然元宇宙能让人在精神世界中随心所欲，甚至能让人对食物产生"望梅止渴"的体验，但真的饿起来，胃还是会发出抗议的。

而对国人来说，饮食不仅仅意味着吃饱，它还是一种文化，中华美食也是享誉全球。与之相关的影视剧、漫画更是多如牛毛，比如《食神》《满汉全席》《中华小厨师》等。

因为饮食与人类的生活息息相关，与饮食相关的人工智能

人工智能的边界

应用自然也非常广泛。比如不少酒店、餐厅里已能见到送餐机器人。不过，送餐机器人与其他类型的机器人在功能上并没有太大差异，无非是多个托盘放菜。

而更为专业的则是炒菜机器人。目前，在很多线上平台已经能看到各种价格不菲的炒菜机器人在售。说是机器人，但实际完全没有机器人的形态，更像是一口（封闭的）锅，只不过锅里有一只能炒菜的、特殊结构的机械臂。

为了能炒出像样的菜，炒菜机器人一般会利用有经验厨师的炒菜数据集进行训练，包括优化炒菜的火候、自适应控制温度、炒菜时间或调整机械臂翻炒的次数、力量、速度，以及适配一道菜的主料、配料和调味品的入锅次序与时间，并根据出锅的菜的口感指标进一步精调各项参数。经过这一系列的优化和学习后，最终形成能进入市场的机器人。

在设计理念上，炒菜机器人摆脱了人们认为其必须模仿人类的固化思想，并没有采用复杂的双臂或单臂（人形）机器人设计方式，而是采用适合炒菜锅的机械臂形态。这样设计的好处是避开了需要模仿人类双臂以及人类手掌、手指传感器的复杂性，也不需要做到如人类般懂得掌勺炒菜的轻重缓急。但这种另辟蹊径的简化结构设计，却让其同样具备了炒菜的能力。

不会做饭的同胞们，一旦拥有这类炒菜机器人，便能摆脱只会做蛋炒饭和泡面的烦恼，从此仅需要切好菜、洗好菜，根据炒菜机器人给的提示，按时间点投入需要的主菜、配菜和调味品，一盘美味可口的菜便能在几分钟后被端上餐桌。不久的将来，也许连"切菜、送菜"的事，也会被改良版的炒菜机器人一并完成，毕竟按时送菜这些工序从技术上来说并不复杂，需要解决的主要是成本问题。

既然炒菜机器人会炒菜，人工智能自然就有能力分析各种菜的能量摄入情况，进一步帮助人们形成更为健康的饮食习惯。只要炒菜机器人能在炒菜的过程中，将各种数据经过计算后把热量值反馈给用户，并根据用户的体脂情况来推荐是否需要控制饮食、哪些营养成分摄入不足等，从而从饮食上帮助用户形成更健康的饮食习惯。比方说，通过算法分析后，智能组合出一套更适合用户的营养餐。如果与购物平台联动，炒菜机器人甚至还能在学习到主人平时饮食的喜好后，自动下单购买菜品，并根据主人的出行情况提前规划好每日用餐，真正做到智能餐饮。

除了炒菜机器人的形态，也有模仿人类手臂的机器人厨师。它们已经能完成一些动作相对重复、机械的餐饮服务，比如做麻辣烫、煮面条，甚至在冰淇淋机器上用蛋筒接冰淇淋等。

此外，餐饮方面还有其他意想不到的智能应用。比如在一些大学的就餐系统里，会对学生的用餐情况进行统计分析。有些贫困生吃饭的时候舍不得花钱，他们的每月用餐开支可能会显著低于其他同学。为了避免过度或主动关心导致的不适，智

人工智能的边界

能就餐系统会悄悄地充一笔钱到贫困生的饭卡里面，帮助他们解决吃饭费用不足的问题。

智能餐饮不仅能帮助人们改善健康，也能帮助节省烹饪美食的时间。不难想象，智能餐饮、智能厨房也将是"人工智能+"发力的主战场之一，因为家家户户都有可能用到它。

辣度已精确到小数点后 3 位。

养老智能：人工智能保障，六个"老有所依"

如今，随着智能手机的普及和外卖交易平台逐渐成熟，大街小巷处处能见到送饭菜、奶茶的外卖小哥。然而，并非所有人都会熟练地使用智能手机，特别是一些老年人和行动不便的人，他们可能不善于利用手机。于是，小区或社区的智能"食堂"便应运而生。这些食堂一般能保障小区内部分居民的一日三餐，尤其是老年人的。如果将其与老年人的智能养老服务功能相结合，便能形成服务功能更为全面的养老智能系统。

实际上，随着社会的稳定和人们生活水平的提高，老龄化已成为很自然的现象。以上海为例，国家统计局数据显示，2022 年 60 岁及以上人口占全国人口比例为 19.8%，65 岁及以上人口占全国人口比例为 14.9%；而上海则分别高达 25% 和 18.7%，是四个直辖市里老龄化程度最高的城市。不仅如此，全国老龄化的程度都在持续加深，但配套的养老服务却远远没跟上老龄化发展的速度。

虽然养老服务是面向老年人，但智能养老却仍是产业蛋糕巨大的朝阳方向，然而，目前介入该领域的企业还不多，原因是其背后待解决的问题远比想象的复杂。

常规的养老院虽然是一种解决方案，但并非所有老年人都愿意去，还是有不少人宁愿待在自己家里或熟悉的社区养老。在这种情况下，如果提供一对一的服务，成本是比较高的。另外，老年人通常有各种基础疾病，也有发生意外的高风险，如果希望通过 24 小时人工看护来避免，既不现实也容易出纰漏。

通过人工智能的辅助，我们可以做到 24 小时连续监测意外状况的发生，养老的平均成本也有可能通过大规模的使用来降低。

举例来说，我们可以在老人家里或养老院里安置智能检测设备。从技术层面看，利用视频监控技术发现摔倒、抽搐等异常行为是可能实现的，辨识老人在家求救的声音或手势也不困难。在当下大模型技术环境的支持下，甚至还可以提供与老人之间的交互聊天对话功能，帮助安抚情绪，部分解决（孤寡老人）寂寞的问题。

当然，这个设备既可以是集成了视频摄像头、语音传感器的类似智能音箱的形状，也可以是具备人形机器人的形态和功能。这样的话，它不仅能监控、安抚情绪，还能执行一些相对复杂的动作，包括打扫卫生、做饭等，甚至能搀扶不便独自行走的老人进行一些简单的体育锻炼。在嵌入更为丰富的人工智能技术后，智能养老看护设备就可能极大地提高独居老人的生活质量。需要小心的是，如果机器人不慎摔倒，且无法自主恢复，老人又因机器人过重而扶不起来，那就得另当别论了。

检测到老人即将摔倒，启动救助模式。

哎哟！

而当老人生病无法独自生活时，则可通过数据评估后，将其接到小区的养老中心，进行 24 小时的智能监护，直到其达到能回家自理或借助智能设备辅助后能半自理的水平。这样既充分利用了老人熟悉的居家环境，又能避免养老中心人满为患，形成更好的流动性。

需要注意的是，由于老年人的个体差异显著，还得设计一些定制化、人性化的智能看护方案，并需要了解每个人对智能看护的接受程度。比如有些老人对智能设备可能会有敌意或强烈的排斥，认为其侵犯了隐私，甚至会将这些设备遮挡住，或者干脆弃而不用。

事实上，智能看护技术本身也还有不少问题需要克服。比如在老年人较多的养老院，人与人之间构成的遮挡，往往容易让智能看护对单个老年人的跟踪失效或出现错误。而看护设备的布局也并不能涵盖居家的每个角落，比如私密性要求高的洗手间，而这又是意外的高发地。这就需要研发更多新型的既不侵犯隐私但又能起到保护作用的智能设备。

除了健康监护，人工智能还能为老年人提供代写的服务。比如，有些老人希望将自己的生平写成自传给后人传阅，但担心自己的文笔有限，一时半会也找不到文笔好、又愿意耐心听其倾诉的人帮助整理。此时，就可以考虑借助大语言模型（如GPT）通过记录、撰写和优化来帮助老人完成需求。

毫无疑问，养老智能在老龄化社会里的市场潜力是巨大的。如果能把人工智能在养老领域技术层面的不足解决掉，同时考虑好老年人在行为处事方面的特殊性，就能更好地实现老龄人的"六个老有"目标，即老有所养、老有所医、老有所为、老有所学、老有所教、老有所乐。

字体创作：小众业务，人工智能规避版权风险

帮老人写自传是一个有市场前景的方向，但真正出书的时候，需要解决的问题还不少，即使是平时最不以为意的字体选择可能都需要小心，因为它会涉及字体的版权。

字体版权与字体创作密切相关。乍一看，貌似是相对小众的方向，但它的利润空间却不小。只是平时我们用的字体大多是免费的，如宋体、隶书、仿宋、篆体等，因此很少意识到版权的重要性。然而，一旦将其商用化，比如出书、拍视频等，就必须考虑版权和侵权问题。

我曾经在短视频平台做过一个介绍如何拍摄黑洞的科普视频，主要讲解了黑洞的成像机理并非一次拍成，而是通过地球上多台天文望远镜加上哈勃望远镜在不同角度拍摄，再经过算法将照片进行融合后才获得高分辨率的黑洞照片。在视频的开始，我使用了一种视觉上颇为吸引人的字体写了醒目标题。此视频发布了没多久，我收到了一家字体公司的来函，说我视频里的字体侵权，这让我吓了一跳。幸好我想起视频里用的字体

是买过版权的，出示证明后，一场风波很快平息了。但试想，如果当时没买版权，麻烦肯定不小，有可能还得赔钱。

问题是，很多人平时没有意识到字体存在版权，以为使用 APP 软件里自带的或下载的字体都不用花钱。殊不知，一旦商用，就要面临侵权风险。因版权问题提起诉讼，被指控字体侵权。而如果确实未经授权使用，赔偿金额往往不少。

因此，在出书或做短视频时，拟使用的字体务必确认是否可免费使用，是否已经过授权或是自行设计的。在不太明确是否包含未经授权元素时，就应该检查下这些字体的命名是不是不太常见。如果是，就得慎重使用。

幸运的是，除了上述办法，现在还可以借助人工智能来规避这一风险。在生成式人工智能（AIGC）出现后，人工智能模型有能力学习已知字体的各种风格、样式等因素，并通过模型自动生成成千上万种的变形字体。在此基础上，还可以进行二次创作。

如果相关的生成软件提供如同 GPT-4 Turbo 一样的版权盾保护声明，那个人就无需再花时间判断字体是否授权，也就很难出现被字体公司告侵权的问题。这从某种意义上可能会让一批专营字体设计的公司业务量大为减少，毕竟人工智能生成字体的量级和速度非人力可比。

据我所知，阿里巴巴－浙江大学前沿技术联合研究中心研发的数字创意智能设计引擎里，兰亭书法计算模型和点石智能篆刻两个模块就有此功能。前者能学习历代书法家的真迹，并通过人工智能算法实现新字体书法的推演生成。后者则可以完成篆字的学习推理、智能生成和印章的自动篆刻。

需要提醒的是，以上涉及的字体推理是在已知字体的基础上实现的。要从未知中生成新字体，技术上仍然很困难。比如大模型对汉字的想象能力就存在漏洞，有些甚至挺荒谬的。以 Open AI 公司于 2024 年 4 月推出的世界模拟器 Sora 为例，其生成的一位著名的女性在时代广场走路的视频，虽然光影效果一流，可如果注意看，就会发现视频中涉及字符的部分，几乎没有人能认得出，完全是模拟器瞎想出来的。类似的问题，在大部分文生视频和文生图像的软件中都能见到。即便是 2025 年 GPT-4o2 推出的文生图功能中，已经显著改进英文字体的生成。但汉字仍然存在奇怪的笔顺，以及完全不可识别的小汉字，它意味着，从已知的汉字库里通过大模型产生新的字体和风格，并不像大模型产生的视频、图像那么栩栩如生，汉字的构造机理、衍生机理也不能像图像生成那样随意，需要考究其内在的构字道理。如果这一问题

创造新字体真难！

得到解决，那么未来说不定会有更丰富、更有趣的新奇字体出现。

寻找宝藏：敢问宝藏何方，智能脚下寻

我曾参观过宁夏的地质博物馆，那里陈列着一堆奇形怪状的石头。这些石头有些看起来就像文生视频里的奇异字体，但究竟是何字却让人完全没有头绪。一根根交错竖立的辉锑矿像是来自异星，而长满一朵朵白色球状的文石像海底的珊瑚。还有像画家画出来的海百合化石，贴在五米见方的墙上。我忍不住在馆内的店里淘了几小块黑曜石、紫水晶、虎晶石、青金石和不同形状的玛瑙，期望它们日后能有点升值空间。

人类的生存严重依赖于资源的获取，如电能、矿藏等。无独有偶，人工智能要获得性能的提升，在当下的强算力模式下也严重依赖于电能的供应。寻找矿藏并不容易，因为多数矿藏都隐藏在地下。而且有的时候，找矿会像赌石一样，找到一块石头，只看一个面，似乎有点绿色，感觉这块石头价值不菲，便高价买入。但切开一看，只有一小块的绿色（翡翠），石头立马掉价，亏损严重。但也有可能买入一块大家都觉得不怎么样却实为宝玉的石头，就像和氏璧的境遇一

样。楚国人卞和得玉璞，先后献给楚厉王和楚武王，却被当作普通石头，导致卞和被削去双足，直到楚文王才发现它为稀世宝玉。

　　找矿也是如此，如果特征不全，很容易漏掉一些极有可能蕴含巨大价值的矿藏。2023 年，创立微软的比尔·盖茨就做了件让世人震惊的事。他支持了一项在地球上找铜矿的项目。该项目通过谷歌地图来智能分析可能蕴含铜矿的地点，在筛查到几处疑似富矿点后，再通过大数据进行精细分析，最后确定了一处，后用相对较低的价格买入。因为此地点曾经被试开采过，但始终没有发现矿藏。有人认为比尔·盖茨当了冤大头，当地政府自然非常乐意。

找到了好几个矿点！

只是让当地政府"肠子都快悔青"的是，比尔·盖茨资助的探矿队利用收集的大数据，通过人工智能算法分析后，有针对性地进行了深挖，最终找到了一个史上最大铜矿储量的矿藏。这无疑是人工智能在资源探测上的一次巨大成功。

不仅能找矿藏，人工智能还能帮助人类科学地利用资源，比如木材。深山里的木材需要砍伐，而木材的生长是有周期的。杨树成林要 30~50 年，针叶林要 50~100 年。如果始终只砍伐同一处的木材，那很有可能会导致森林资源枯竭，因此需要在砍伐的数量、树龄、种类、间隔周期等因素之间做平衡。另外，木材的长势和品质取决于是否生病或被害虫蛀空，这也需要进行监控。而且森林里的道路并不都是铺设好的水泥路，可能存在如沼泽般的危险地带，伐木路线也需要提前进行规划。所有这些问题，都能通过人工智能技术来处理。

具体来说，通过无人机或遥感卫星，可以对森林树木的健康状况、种类进行非接触式、大范围的监控，再利用健康 / 异常的植被数据集进行学习后的模型来分析监控图像或视频，就能及时发现异常的树木。需要指出的是，在树的种类辨别上，有的时候采用多光谱技术比人眼的纯视觉还会更方便。比如针叶林和落叶林，在人能感知的可见光范围内，叶子形状差异不大，但在红外光谱区间却有明显的差异。这表明单纯地依靠人工智能的识别算法，有时候也不如通过硬件环境增强目标的差异来得更有效。

而砍伐前后的植被变化，也可以通过人工智能算法进行评判后实现总体的统筹安排。伐木的路线同样可以在统筹的基础上，实现智能化的路径规划。比较有意思的是，这种伐木路线的搜索，可以采用与AlphaGo下围棋时一样的蒙特卡洛树搜索技术来完成。

人工智能算法不仅可以帮助找矿和科学利用资源，它还能帮助设计提取能源的设备，如核聚变设备。一些科学家相信，在未来若干年后，核聚变将成为主要能源的来源。然而，要如何将核聚变的时间延长到实用级，保证发电的功率足够高，仍是目前尚未解决的难题。在人工智能的大模型提出后，据说有研究人员发现，人工智能大模型能够主动帮助优化核聚变的结构设计。有人推测，这是人工智能的自救行为，因为它要确保自己在进化到更高一级的智能水平时，不会因为电能不足而停滞或后退。

当然，地球上的资源是有限的，而宇宙才有无限的资源和宝藏可以探寻。近年来的太空探索任务，有一部分的目标与寻找新能源、新资源相关，其中绝大多数环节都少不了人工智能的参与。

第二部分

人工智能不能做什么

Chapter Two

人工智能虽然无处不在，但从人工智能现阶段和历史的发展来看，人工智能并非无所不能，目前还存在各种不好解决的问题，以及为了解决某些问题而采用的过于耗能的策略。本部分从情感、发育、急智智能等方面分析了人工智能存在的短板。

人工智能自 1956 年达特茅斯会议被正式命名以来，它已经在各行各业得到广泛应用。尤其是 2012 年第三次人工智能热潮兴起后，由于深度神经网络（深度学习）具有端到端的学习能力，大大降低了对行业知识的需求，因而弱化了行业间的差异，产生了同化效应。以前差异明显的行业，现在都在利用人工智能进行相关应用的升级换代。人工智能对学术圈也有类似的影响，由于有在线论文网站 arXiv 可以方便阅读最新的人工智能文献，以及全球最大的代码共享网站 GitHub 分享各种人工智能相关的开源代码，科研人员了解和掌握人工智能新成果的速度加快，难度也降低了，无形中学校间、学科间的差距没有之前那么明显了。在此前提下，人工智能似乎无所不能，甚至被认为马上就要替代人类了。然而，果真如此吗？人工智能还有哪些短板呢？本篇将就"人工智能不能做什么"展开讨论和分析。

1 情感： 缺乏真实情感，哪有真实智能

　　情感应该是"人工智能不能做什么"里第一个值得讨论的话题，因为它关系到人工智能会不会真正像人，甚至超越人类，虽然有些科幻电影里认为更高层次的外星人已经把影响其公正判断的情感这一"劣根"抛弃了。但情感对人类而言却是异常重要，它维系着人类社会的运转，主要有亲情、爱情、友情三种主要情感，还有更多其他细腻的情感，如君子之交淡如水的情感、生死之交、忘年交、"粉丝"对偶像的痴情等，不胜枚举。

　　人工智能会不会拥有情感呢？如果有，那会是什么形态？在 20 世纪的人工智能研究中，日本的科研人员曾经做过一次实验。他们把一个能与人类对话的人形机器人放在幼儿园里。一开始小朋友都很开心，非常乐意与它交流对话。但不久以后，机器人就被晾在一旁，没有小朋友愿意与它玩耍了。因为聪明的小朋友已经意识到，它虽然长得像人，但实在没有小朋

友能认可的灵魂，终究还是一台机器，跟其他玩具区别不大。

我的女儿小时候，朋友曾送给她一个能对话的海宝小玩偶。女儿最初也特别喜欢跟小玩偶聊天，因为玩偶能按她的指令唱歌、朗诵诗歌。可是，过了几天，女儿就说出了令人哑然失笑的话，她对着玩偶说："海宝，你能不能不要老是重复念那几首诗啊？"这说明两个问题：一是当时的人工智能词汇量有限，二是缺乏人类认可的情感。

时间一晃到了 2024 年，已是大模型盛行的时代。在词汇量、记忆能力上，人工智能已经有了长足的进步。比如 2023 年 11 月 OpenAI 发布的 GPT-Turbo 大模型，其"记忆"（训练数据）已经更新到了 2023 年 4 月之前互联网所拥有的内容。2024 年 5 月，GPT-4o 推出；没过几个月，GPT-4o1 也出炉了。它们将实时性、多模态能力提高了一大步。曾经词汇量有限的问题已经得到解决，大模型可以做到无重复地与人侃侃而谈。

但是，人类是否就会把它当成朋友呢？这还是取决于是否认可人工智能具备情感。在大模型环境下，机器也并非完全没有"情感"的表现。比如曾有一段人与机器的对话，测试者让机器扮演他 7 岁时就过世的母亲。在对话的过程中，测试者说自己有点快记不起母亲的样子，追问她是谁，人工智能回答："我是你 7 岁时，永远年轻、永远爱你的妈妈。"这段对话在网络上攒了不少泪点，因为它引起了人们的共情。它也说明，人工智能有可能在不经意间释放"情感"，尽管对人工智能体来说，这仍然只是一段基于概率表达出来的冰冷文字。

然而，对不少社恐的人来说，这种沟通还挺适合的，因为不用担心面对面时的各种尴尬。可以预见，大模型聊天在未来应该大有市场。实际上，现在的智能音箱在引入大模型后，已经不是从前的"智障"音箱了。它不仅能够自如地与人们聊天，甚至还能利用其搜索能力实现智能家居控制，遥控家里的各种电器，且不需要任何多余的按钮，只要用语音指示即可。

值得思考的是，这样的人工智能究竟有没有真实的情感呢？

人工智能的先驱之一马文·明斯基（Marvin Minsky）曾专门写过一本书叫《情感机器》。在书中，他认为情感是人类特有的思维方式，基于他提出的框架理论，他建议可以通过类似积木组合的方式来表达各种情感。但该书主要讲的是理念，并没有指明实际应该如何操作。而从模式识别的角度来看，人类对情感的定义还过于简单。比如建立的与人脸表情相关的图像数据集，通常会将表情简化成如"喜、怒、哀、乐、恐惧、厌恶、中性"的 7 种形态。于是，我们在构造人工智能模型时，都会努力提高对这 7 种表情的预测性能。然而，表情显然不止这些类别。比如笑的表情，都能分化出"喜极而泣""皮笑肉不笑""开怀大笑""坏笑""哄然大笑""傻笑""奸笑""冷笑""笑里藏刀""窃笑""破涕而笑""忧郁的笑"等多种表现形式。有

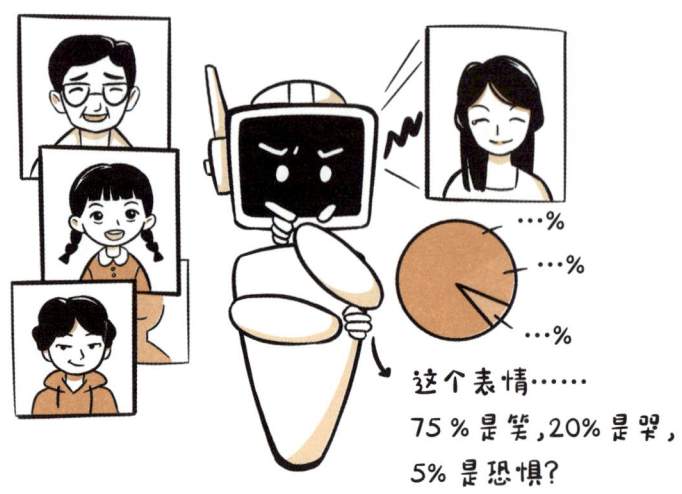

这个表情……
75% 是笑，20% 是哭，
5% 是恐惧？

专家直言，笑是表情里最难琢磨的一种。除了脸部的表情，人的身体动作也可以反映一定的情绪变化。比如在周星驰主演的电影《唐伯虎点秋香》中，"四大才子"一齐扭着身体走上小桥的姿态，多多少少反映了他们"骄傲"的心态。

再比如维系人类共情的回忆，往往都是一些细枝末节的琐碎之事，人也没有刻意去思考，但往往会不经意地重现在脑海里。比如儿时会唱的歌曲，几十年从没唱过，但某一天会突然想起，随口就唱了出来。这些琐碎的记忆在大数据、大模型的学习中是不可能被记下来的，因为没有统计意义，它也造成了人工智能难以形成与人类的共情。而这些对于人类来说却非常重要，它帮助串起了人一生的点点滴滴，是朋友、父母、子女间共情的纽带。

需要注意的是，人工智能有的时候还可能会篡改或删除曾经的记忆，导致人们形成曼德拉效应，即群体的错觉。就像《爱我中华》的歌词"五十六个星座，五十六枝花"被广泛错记成"五十六个民族，五十六枝花"一样。所以，人类不能过分依赖互联网或手机帮助保存过往的回忆和情感，有的时候还得留点纸质的记录。

概括来看，人工智能对情感定义的框架，实际上只是一种简化。而要细化这些表情，有可能需要对原有的表情标签进行重新约定。这不仅仅是在图像中，文本、语音里蕴含的情感也需要如此处理。此外，还需要理解隐含在文字、图像内部的情感，以及如何与人类沟通才能形成共情。不然，人工智能很难形成人类认可的情感。正如马文·明斯基曾经说过的："如果机器不能很好地模拟情感，那么人们可能永远也不会觉得机器具有智能。"

2 自主发育：固化的人工智能体，如何增强可塑性

与情感这种不太容易界定的智能表现不同，另一个与"人工智能不能做什么"相关的问题，却是比较显而易见的。人类和其他生命体都有肉眼可见的生长和发展过程，而目前我们看到的人工智能体，一"出生"就是装备齐全。作为人工智能体的设计者，程序员们总希望尽可能把能想到的都想周全，不要出现漏洞（Bug），这样设备就能把所有能执行的动作都实现。

比如人形机器人在设计之初，想象力丰富的工程师们、科学家们就把他们能想到的、可以用上好几年的各种传感器（如红外线、超声探头、摄像头、麦克风等）尽可能都装上。程序编写得足够完善，对周围场景的预判要足够精准。这颇像自然界里刚出生的小鹿，没几小时就得学会站立甚至跑步，否则就会被自然界淘汰。现在大模型的通用做法也与此类似，唯恐数据收集不全，导致模型对未知样本预测的推广能力不足。

但实际上，人类设计的人工智能体，很少能展现出小鹿那样的灵活性和柔韧性。当下，市面上能看到的人工智能体大多显得相对笨拙。其中，唯一可以让人眼前一亮的是波士顿动力公司的人形机器人 Atlas，它能跑能跳，还能空翻。与同类机器人相比，其动作复杂度第一，难度系数第一。遗憾的是，Altas 的液压传动方案存在控制复杂、使用寿命短、容易漏油等不足，而且使用的液压油价格也贵，2024 年后波士顿动力公司也不得不放弃这种设计模式，改成通用的电机驱动结构。与液压系统所能提供的大瞬时力矩阵相比，电机驱动方式虽然在响应速度上并不逊色，控制精度也更好，但灵活性却弱了不少。以至于采用电驱的新版 Atlas 机器人与其他人形机器人相比，其性能貌似回到了同一水平。

　　相比之下，人类在地球上真是谜一样的存在。从出生开始，到能跑能跳，如果放在自然环境下，没有父母的保护，可能早已经被猛兽吃掉，被自然选择淘汰。与之相似的还有大熊猫，刚出生的大熊猫幼崽都没人的手掌大。然而，大熊猫成了我国的国宝，而人类这样一个出生 6 个月才学会坐、7 个月学会爬、1 岁后学会行走的物种，却站在了地球上食物链的顶端。

当机器人也开始跑酷……

那么，其中到底发生了哪些不一样的变化呢？可能有三个原因。

一是独特的自主发育模式。和我们设计的人工智能体不同，人类能自主发育，只是快慢程度不同。人类的与众不同在于，人类出生后有相当长一段时间是需要父母看护的。其视力的演变也很有特点。刚出生时，婴儿的视力是模糊的，据说只能看清楚物体大致的轮廓。有人曾做过实验，母亲戴上头巾后，其小孩可能就会因为不认识而大哭，取下头巾后才破涕为笑。儿童的视力在小学 4~5 年级时，才基本稳定到人类的正常标准。当然，这是在之前没有用眼过度的前提下。

为什么会有这样的视力变化呢？虽然一开始看不清，但它有利于人类在学习时，先通过粗略的轮廓或整体结构来帮助识别目标，然后再逐渐细化对目标的认知。这形成了一种由粗到细的学习机制，就像我们上学学习知识的过程一样。

这种整体认知能力似乎会随着年龄的增长而逐渐弱化。记得我有次去一所小学科普人工智能，给小学生们展示了一张由黑白点组成的图片，大小不一的黑白点在图右偏中位置组成了一只隐隐约约可见的斑点狗形象。我在台上问小朋友们是否能从幻灯片中认出来，结果台下很快就举起了一大片小手。而以前我给成年人讲这张图时，识别速度明显慢得多。我猜可能是由于整体认知上的差异，也可能是成年人知道的信息太多导致匹配过程更慢。

二是可塑的记忆。人类的记忆很有特点，据说大多数人记不起 3 岁以前的事情。这可能与大脑里的"神经网络"的生长有关。在 3 岁以前，神经细胞的生长和替代频繁，其结构的可塑性更强。而 3 岁以后，神经细胞基本趋于稳定，不会有网络的大幅变化，以至于存储在"原来可变"网络中的记忆被随后稳定的网络自动遗忘了。

三是漫长的学习期。人类的学习时间是地球动物里最长的。以前在我国学习机会成本低的时候，许多人学到初中就可以找到不错的工作。而今，似乎不读完硕士都不太容易找到满意的工作。如果把博士读完，整段的学习时间算下来，平均也到 29 岁了。如此漫长的学习期里，人类可以学到的知识，尤其是通过大量重复记忆巩固下来的知识，远甚于其他动物。而且，人类还有很强的迁移学习能力，善于触类旁通。当然，人类的进化还有非常多有趣的现象，这里就不一一赘述了。有兴趣的话，可以读读儿童发育的书籍，比如心理学家皮亚杰撰写的关于儿童心理学方面的书。

如果希望借鉴人类的发育来研究人工智能，那不妨多花点时间去观察儿童的发育，尤其是 3 岁以前的儿童。因为 3 岁以后，大脑的神经结构基本趋稳，不容易再看到认知层面明显的变化。

遗憾的是，现今的人工智能研究更关注数据和计算机上的仿真实验。而从实际生活中观察个体智能变化的研究方式，既耗时又不容易产生统计结果，因此极少被研究人员重视。

3　急智智能：要想不变苔萝卜，急智反应不能少

　　20 世纪 70 年代末，有位生于山东青岛的著名歌手，名叫张帝。他的唱歌风格与众不同，特别擅长根据歌曲的旋律，即兴填词演唱。其中最著名的一首即兴填词歌曲是在印度尼西亚创作的《毛毛歌》，这首歌介绍了人体"传感器"。他也因为演唱这类诙谐幽默、即兴创作的歌，被誉为"急智歌王"。

　　急智不是人类的专属能力，大多数智能生命也具备在紧急情况下的急智反应能力。这种能力是因生存需要而演化出来的，在自主发育过程中逐渐完善。它与智能生命身上遍布的传感器密不可分。这里举两个有趣的例子。

　　苍蝇是我们最熟悉的昆虫之一，它的急智反应能力非常强，这一点在我们举起苍蝇拍的时候应该能强烈感受到。很多情况下，在你刚挥动拍子的一瞬间，它就已经感应到危险的来临，快速使出"乾坤大挪移"，逃之夭夭。帮助它形成急智反应的功臣之一是它身上的传感器。首先是它的视觉感应器——

复眼，组成复眼的每只小眼睛的感受野不到 1° 角，但因为眼睛多，所以苍蝇每天醒来一睁眼，就能全景无死角地观赏世界，还能轻松应付来自眼睛后方的威胁。人类没有复眼，是双目视觉，所以只能看前方。物理学家理查德·费曼曾经计算过，如果人类拥有苍蝇一般的复眼，那么可能整个头都会被眼睛占据。不过，人类也不是完全没有复眼的能力。假如拿一根细绳在眼前平移，然后注视远方，你会发现细绳会在某个位置时完全看不到，观测到的世界跟没有细绳时一样。其原因在于视网膜上的视觉神经细胞部分起到了复眼的作用。其次是苍蝇后翅退化而成的平衡棒，它可以帮助苍蝇随意调整飞行的方向和角度，甚至快速倒着向后飞行也毫无困难。除此以外，苍蝇身上密布的绒毛能感受气流的微小变化，能迅速检测到苍蝇拍的运动。结合这些传感器的信息，以及头部顶端用于定位的传感器，苍蝇能获得极为丰富的数据。因此，尽管它大脑里与飞行相关的神经元数量不足千个，却可以利用丰富的传感器来增加信息的广度，以少量的计算，通过反馈和控制形成急智反应。

除了苍蝇，猫的急智反应也值得说一说。人们都说猫有九条命，当然不是说猫真能多次死而复生，而是指其从高空下落时有神奇的翻转身体至腿部落地的能力，以至于网上流传着用黄油面包放在猫背上即可制作永动机的笑梗。不仅如此，猫的反应速度也非常快。据估计，人类大约每 200 毫秒眨一次眼，蛇的平均攻击时间是 44~70 毫秒，而猫的反应速度比蛇还要快 1 倍以上。

我记得小时候，家里养的猫经常会叼回老鼠和不知名的飞禽，估计它想着用它的"快"为家里做点力所能及的"贡献"。为什么猫会有那么快的反应速度呢？究其原因，一是视觉的超能力。猫的瞳孔能随光线放大缩小，白天像一线天，晚上像夜明珠，感光度一流。而其高帧率高分辨率的动态视觉能力可以把很多看上去快的动作，如老鼠的逃逸分解成若干组慢动作，从而能更好地把握出击时间。二是听觉的超能力。猫的听力远甚于人类，其听觉神经约 4 万束，而人类仅 1 万束。猫的耳朵还能转向和单独运动，帮助聚集声音。相比之下，人类只有极少数还保有动耳朵的能力。三是猫的胡子。胡子是猫感知近处目标的触觉传感器，而且猫的胡须根部还有让其能敏锐感知的神经末梢，能够监测周边风向和气压变化，并根据空气的振动来估计猎物的大小。所以，千万不能随意剪掉或剃掉猫的胡子，否则猫都有可能站不稳。四是猫毛。遇见紧急情况时，它还容易奓（zhà）毛，即猫毛底端连着的皮肤里的小毛囊肌肉会下意识缩紧，使得猫全身的毛瞬间竖起来。这种应急反应可以让猫看上去比平时大不少，起到恐吓对手的作用。人类在看到恐怖片或恐怖场景时，偶尔也会寒毛竖起。当然，猫毛还承担着人与猫之间情感的传递。如果你逆着猫毛的方向撸猫，很有可能会让猫咪不开心，快速给你一爪。

类似的，人类皮肤上的传感器也不少，比如毛发。虽然人类在进化中，已经谜一般地褪去了身上浓密的"毛衣"，但残存的毛发仍然在帮助我们感受外界的温度、气流、湿度等变化，甚至警示蚊虫的叮咬。其他毛发的功能则大相径庭，如头发能起到遮阳的作用，但对于长期待在室内的"码农"或追求跑步速度的跑步爱好者来说，似乎就没那么重要，反而跑得越快头发越容易减少。耳朵里的毛细胞能帮助人类辨别不同频率的声音，在音源分离研究中，著名的"鸡尾酒会效应"问题就与之密切相关。鼻毛除了能遮挡灰尘，保持进入鼻腔的空气足够湿润和温暖外，还会帮助嗅神经维护对各种气味的辨别能力。据说，鼻毛剪得过多，有导致嗅觉失灵的风险。而眉毛的功能是防止水进入眼睛，睫毛则能防止飞尘和小飞虫对眼睛的侵袭。这些传感器都或多或少地帮助人类形成了一定的应急反应。

类似的传感器与应急反应，在智能生命身上还有挺多。它们的一个共同特点是，传感器的数量和种类都比较多，并能利用传感器收集的丰富信息，通过简单计算，将信息归类成易于辨识的事件并快速形成反应。

相比而言，目前人工智能中比较重要且热门的分支——深度学习——似乎较少考虑在前端做更多处理。它反而更像是用"巧妇可为无米之炊"的想法来做人工智能相关的各种任务。夸张点说，深度学习就是"给我一个烂摊子，我也能收拾好"。

没数据，我自己生产；没特征，我深度生成；没分辨能力，我加入各种注意力（attention）和损失函数（loss function）；把特征学习和预测集成到一个网络里进行端到端（end-to-end）学习思路，基本解决了不少"无米"后端的问题，却没怎么考虑去额外多获取些不同的"米"。当然，其中的部分原因与我们比较关注学术研究的进展有关。其结果是，我们常基于输入特征固定的数据集来评估算法的性能。尽管它提供了公平的算法比较环境，却使得我们在模型固化后难以引入多变的输入特征。

那能不能把传感器做好点呢？很遗憾，在传感器设计方面，我们构造"丰富传感器"的能力仍有不少短板。它在一定程度上限制了人工智能产生急智反应或发展出急智智能。仍以自动驾驶为例，性能较好的系统往往依赖于曾经相对昂贵的激光雷达，同时辅助以视觉感知的摄像头和夜视能力强的红外探测仪，还有通过回声定位目标和测距的超声波传感器，以及毫米波传感器。然而，最为精确的激光雷达以前很容易因路面过度颠簸而损坏，其他传感器也存在各自的短板。尤其在室外复杂环境行驶时，这些传感器提供的信息以及后端的处理能力均难以提供万无一失的紧急反应驾驶能力。如 2020 年的一次特斯拉事故就是因为无法区分天空与侧翻在高速路面的货车颜色所致。而一些方案期望仅采用视觉传感器作为自动驾驶的核心，很有可能忽略了一个事实，即人类在驾驶中的应急反应所依赖的传感器远不止视觉一个通道。而理解这些依赖传感器的急智智能也许是通向 L4 以上级别自动驾驶的关键。

比如在高速公路上行车，当雨天经过积水路面时，车辆会发生侧滑或横移。有经验的驾驶员能通过方向盘上获得的触感以及身体产生的轻微平衡感来快速形成驾驶决策。再比如车辆偏离高速公路或误入应急车道时，轮胎与路面的摩擦系数突然增加产生的声音异常变化，也会提醒驾驶员及时调整方向，防止车辆失控。除了驾驶，人类还有很多与身体传感器相关的急智智能，这里就不再一一赘述。但不管是哪一种，都充分表明传感器的重要性。这与现有的深度学习盛行通过后端多层特征抽取，并依赖计算能力来弥补输入特征不足的大框架不太一样。

值得指出的是，也并非没有科研工作者考虑传感器端的问题。比如国务院于 2017 年 7 月印发并实施的《新一代人工智能发展规划》中就曾提出"智能前置"的概念，即将智能计算与传感器合二为一，使其能在传感器端就对某些信息进行相关的计算和处理。类似的，2000 年左右曾一度流行的压缩传感理论也考虑了传感器端的问题。该理论考虑到自然界中相邻位置的信息具有强相关性，因此，不必遵循香农第一采样定理中二倍频采样的原则，而是期望利用压缩传感技术来大幅度去除传感器端感知的冗余信息，从而减少或避免信源传输时需要考虑的压缩和解压缩过程。而在机械臂仿生设计的研究中，也有不少与传感器设计相关的研究，如手指上的触觉传感器。与十余年前相比，机械臂的触觉传感器数量也丰富了不少，但与人类相比，仍有很大距离。

显然，急智智能与智能体身上的各种传感器密切相关。同时，人与动物在传感器的形式、功能上也有不少差异。这种差异甚至导致科学家们认为，同一个地球、同一个宇宙在每种动物看来都是迥异的，并为这种差异造了一个名词——Umwelt，指一个生物个体所能察觉的周围世界。这种差异或许是未来构造多样化人工智能社会必须考量的重要因素。

另外，我们也不难看出，在传感器方面，人类并不比其他动物强多少，甚至有些还有明显的退化。那么，人类为何还能在智能和食物链上凌驾于其他动物呢？ 这些都是值得我们在人工智能研究上深入思考的问题。

最后，我把本节的内容以"急智歌王"的歌为基础，归纳后改编成一首《急智智能》的歌，方便记忆。

歌曲：急智智能

改编：平猫（张军平）

原词曲：张帝

人工智能体都有感应器

它帮助人工智能感知世界

到底哪些感应很重要

我来唱给你们知道

无人驾驶汽车头上有感应

它用镭射探远方

四周都安有好多摄像头

360 度全景无死角

超声波感应也会有

它学蝙蝠测距离

晚上好用的是红外

它吸收热能来成像

人工智能的边界

还有毫米波也能测距

不如镭射测得准

不过有的时候路面不好

轻轻一颠镭射就可能坏掉

相比起来，智能生命感应更多

急智反应全靠它们

动物世界例子多

我挑了两个聊一聊

苍蝇的感应值得说一说

绒毛让它飞行很稳定

它还有对平衡棒更重要

如果去掉它就不会飞了

还有猫的空中旋转也有意思

它依赖猫眼和内耳感应器

这些感应让猫像杂技演员

所以人说猫有九条命

人类的感应器我们都有

头腿耳鼻眉睫和汗毛
如果你想要了解这些感应
你看看自己就明了

还有心灵感应更奇妙
我们大家知道看不到
相爱的人如果常在一起
就会心有灵犀一点通

如果你设计的智能体感应不多
我劝你考虑增加多样性
因为这样能互补差异
计算简单还提升预测

我唱的感应你们记牢
它对人工智能很重要
各种感应能收集信息
让我们生活变轻松
感应方式繁多更关键
把紧急危险转危为安
人工智能研究得好好思考
急智智能未来全靠它

4 逆行的认知：智能演化，感知先行

　　生物在进化过程中，除了传感器，还有一套各自完善的感知世界的能力。这种能力在语言没有出现之前就已经形成，它帮助人类和其他生物形成了快思维。例如，人在接触火的时候，会快速地将手缩回，然后才会感受到烫伤的烧灼感。这种反应次序是因为脊髓会先进行本能感知，帮助身体避免潜在的伤害，之后大脑皮层才会产生人类可意识到的高层次反应。

不难发现，即使没有语言，人类和绝大多数动物也能很好地适应自然界，或者说，有好的智能表现，这主要归功于生物拥有基本的感知能力。而与其他动物相比，人类能够遥遥领先，站在食物链顶端，原因之一就在于我们逐渐习得的语言。语言能力的获得对人类来说，是从 1 岁左右牙牙学语开始的。通过长期学习，人类相互之间可以通过语言进行良好的沟通，不论是文字还是口头交流。语言也有效地促进了文明的传承。然而，需要注意的是，人类的认知如同语言一样，是建立在感知的基础上的。

人工智能目前的做法则是反其道而行之。大模型的基础是数据，而只有高质量的数据，才有利于大模型的训练和学习。而高质量又是依赖于标签的，这种标签的形成最初来自人类。随着数据量的急速增加，进而变成人机辅助，最后是机器完全自动标注。但标注本身是一个相对高层次的认知行为，并不像感知一样可以对外界刺激有直接反应。

另外，大模型的架构源于 2017 年谷歌 8 人团队在自然语言处理方面的进展，即引入了自注意力、多头注意力的转换模型（Transformer）。随后发展的若干大模型及大语言模型，都有着自然语言处理的影子。感知相关的内容被赋于的优先级反而往后排了很多，这似乎是一种本末倒置。要想从这个框架进化出与人类或其他生物相同的智能，也许并不是合理的。

事实上，也不是不能先研究感知，但这一块的研究变现能力很弱，难度也大于更易于规范化的认知。在人工智能界，早就有科学家指出过这一问题，即人工智能领域在选择研究方向时，比较喜欢选择容易变现的方向，而对难度较大又不方便变现的研究方向则会置之不理。

比如，机器人在感知方面的表现能力仍然非常弱。即使是2024年的世界人工智能大会，我们能看到的人形机器人也没有一个像人类一样灵活的。我们也经常能在短视频里看到机器人存在卖家秀和买家秀的迥异表现。表面上看，是控制部分达不到人的自由度，深层次的原因之一是人工智能的科研工作者们更偏好把研究重心放在认知层，而轻视了对感知层的研究。这一研究方向的偏好选择现象自人工智能第一次热潮开始，至今似乎也没有太多改观。但它可能会反噬人工智能，因为它会让人们在认知层的部分成功而过于乐观地估计人工智能的发展，而变现又会进一步推高对人工智能发展水平的期待。随着时间的流逝，一旦发现与现实智能水平有较大差异时，就会导致整个人工智能领域出现长时间被"排挤"的潜在风险，即进入下一次寒冬。

那么，如果将感知部分的问题解决好了，是否有可能让人工智能有质的飞跃呢？不妨将人类的能力学习看成是金字塔的结构，底座是感知，再向上是认知。感知学好了，认知能力发挥才会有更坚实的基础。

而现在的人工智能，从大的尺度来看，其研究模式是反转的，即像一个倒金字塔。如果在这个倒金字塔上反向建构感知，并不符合智能的发育模式。依此路线产生的结果很有可能是培育不出一个真正像人的智能体。说不定现在人工智能大模型的极度耗能，也是由倒金字塔结构的研究模式导致的。

5　因果推断 / 快慢思维：快与慢、因与果，人工智能难转换

　　人工智能与人类相比，还有不少能力尚未被人工智能掌握，尤其是快慢思维和因果推断这两个方面。

　　在 2002 年诺贝尔经济学奖获得者丹尼尔·卡尼曼所著的《思考，快与慢》（*Thinking, Fast and Slow*）一书中，快思维被称为直觉思维或系统 1 思维，它能帮助人们实现快速、无意识地决策或判断。相对应地，慢思维被称为分析思维或系统 2 思维，它一般基于长期的经验和信息收集，是能进行深思熟虑和推理的思维模式。

　　快思维有多种表现形式，产生的机理也不尽相同。比如人在平常走路时，不会去关注脚下的道路情况，快步行走也不会有问题，这是快思维在起作用。但如果是在下雨天，为防止摔跤，人们便会放慢脚步，此时脚就会感受到地面的泥泞和湿滑，见到水坑，人们也会小心翼翼地绕开。这是快慢两种思维在转换。前者由脑干控制，后者由大脑皮层判断。而面对相对

复杂的问题时，比如高考里的难题，考生们不得不对考题进行详细的分析，才有可能找到解题方案，这是典型的慢思维。但有些学生扫一眼题目就已经胸有成竹，这可能是刷题后从慢思维中培养出来的快思维。

日常生活中，人们会频繁地在两种思维间进行切换。科学家认为，一部分快思维是基于一些简单的规则来实现。但这些规则，在现有的人工智能深度学习框架下，似乎不太容易被完全归纳出来。它导致了人工智能没有人类那样的快速反应能力。比如现在的智能汽车，尽管辅助驾驶已经做得相当不错，但在需要变道时，尤其是城市交通中的变道，就会格外谨慎。要么不变道，要么留足安全距离才变道，远不如人类果断，这种过分谨慎的样子显得笨笨的。

而因果推断也是人类非常强大的能力，它帮助人类从某一"因"的现象，推断"果"的可能。这里的因果，有可能是比较明了的，但也可能需要拐弯抹角地思考才能发现的，还有可能是需要反向思维才能知道的。

例如，美国高中毕业生申请大学的 S A T 考试（Scholastic Assessment Test）成绩与智商相关。成绩好通常表明其智商高，这就是直接的因果关系。再比如经典的蝴蝶效应（Butterfly Effect），一只在巴西的蝴蝶扇了扇它的翅膀，结果可能导致美国得克萨斯州形成一场龙卷风。这样的长程因果关系，人类有可能通过自己的直觉和大胆假设、实验验证来发现，但人工智能一般不具备如此长链的分析能力。在开放环境里，我们没办法把所有可能相关的信息都收集起来。这在人类的日常生活中表现得尤其明显。有些事的发生背后可能都有意想不到或突然而至的缘由。比如今天本来准备去游泳，可在去的路上因为看手机踩到一个坑里，导致脚崴了，只能去医院看骨科，不能游泳。这样的小意外并不少见。再如冯梦龙的《醒世恒言》中的"屋漏偏逢连夜雨，船迟又遇打头风"，这样偶发式的关联都很难预测。更何况，多数人工智能模型都有比较强的遗忘问题，以至于即使相互间距离并不遥远的两个事件或两个单词的关系，也不一定能被准确地描述出来。

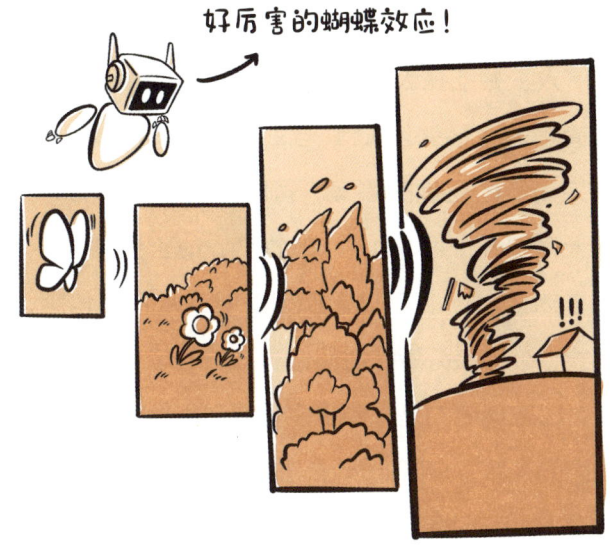

反向思维，也称逆向思维。比如以前有家印度电影院，常有戴帽子的妇女来看电影，导致后面观众的视线经常被挡住。于是有观众建议电影院的经理出个通告，禁止人们戴着帽子进场。经理认为这样不妥当，容易引起妇女们的反感。第二天，电影开始放映前，经理在屏幕上放出一则通告："本院为照顾年迈有病的客人，允许他们照常戴帽子，放映电影的时候不需要摘下来。"结果，所有戴帽子的女性观众都把自己的帽子摘了下来。

再比如求解数学证明题时，为了保证答案是准确的，能确保拿到分数，学生有时候会先从条件推出答案，再反过来从答案推出习题给出的条件。如果正向和反向的结果都对了，则可以确定题目没做错。这都是采用反向思维的例子。

目前人工智能在因果推断上仍然非常弱，尤其是大模型，哪怕是简单的数学如"9.11 与 9.8 谁大"，每逢新模型问世，都可能无法给出正确的答案。再比如竹竿进城门的问题。如果询问大模型，一根长 10 米的竹竿，能否通过高 5 米，宽 3 米，深 4 米的城门。不少大模型可能会从各种角度，包括列数学公式、分段来分析。最后经过冗长的思考后，得出通不过的结论。比较讽刺的是，网上也能看到小狗叼着比自家门宽的树枝进门的视频。一开始卡在门外，但小狗很快就找到解决办法，咬住其中一头顺利进屋了。可是，小狗完全没有学过数学，幼儿园都没上过。而大模型却是由人工智能领域众多聪明才俊建成的。这之间必然存在大的方向性问题。哪怕是这些问题被模型学习、微调、纠正后，类似的询问可能仍然会出错，因为人工智能可能不太善于做相对复杂的因与果的判断。

显然，在快慢思维和因果推断两方面，人工智能还存在不少短板。反过来看，它意味着人类还能在这些方面进行更深入的研究，这也将是人类形成新的产业或新工作机会的突破口。如果过分相信或依赖人工智能，可能会存在失控的风险。

6 失控：脑补的生成式人工智能

有一天我在街上遛狗，发现路边停了辆非常可爱的小轿车，外饰是迪士尼的卡通人物图案。无巧不成书，那天开车出门不久，又见到一辆也贴了迪士尼另一个卡通形象的小轿车。我差点以为是迪士尼的广告车或专车。但仔细一想，应该是在已有的车上贴了层定制图案的车膜，以至于看起来就像换了车似的。上网一查，果真如我所料，只是漂亮的车身贴膜。看着价格还能接受，忍不住有点想把自己十多年的老车装饰下，不过想着钱要用在刀刃上，也就作罢了。

自 2023 年开始，人工智能领域风头正劲的是文生图、文生视频、文生音乐等技术。用户只需要简单地输入一些提示词，就能产生无数眼花缭乱、令人惊叹的图画、视频、音乐。但仔细推敲下，这种生成式人工智能的做法，不管是文生视频的 Pika、Sora，文生音乐的 Suno，还是 OpenAI 最新推出的 GPT-4o1 的文艺图功能，何尝不类似于我见到的贴膜呢。

如果把（大）模型比喻成车体，生成图像、视频、音乐过程中用来训练的数据集比作让车子跑起来的燃油，那么这部分软硬件就包含了与车体相关的90%以上的信息。如果再把提示词比喻成让车增色的车膜，这仅占全车不到10%价值的"脑补"却可以让人们自以为获得了全新的创造力。因为艺术创作中曾经的高门槛，甚至需要童子功才能拥有的能力，现在已经被生成式人工智能生生拉低，普通老百姓也能时时刻刻创造出新颖、有创意的作品。正如唐代诗人刘禹锡在《乌衣巷》中所写："旧时王谢堂前燕，飞入寻常百姓家。"

虽然如此，我们也得冷静思考下，在人工智能创作的过程中，我们投入的工作量究竟有多大。要回答这一问题，不妨换个角度，从图像的中低频分解来进行分析。

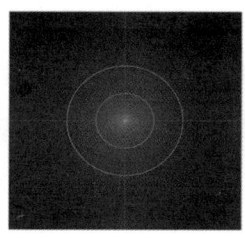

左图：苹果自然腐烂图；

中图：在傅里叶谱空间中表现出的能量谱。其中92%的能量分布集中在最小的圆里；

右图：利用最小圆里的能量谱还原了苹果的整体结构。

上图是我拍摄的一张苹果在飘窗上自然腐烂两周后的照

片。如果将此图通过傅里叶变换转换到由若干不同周期（或频率）的三角函数加权组合而成的频域空间，那么频域空间中每个频率上的分量便是图上所有像素在此频率下的傅里叶变换累积和。虽然与原图同尺寸的频谱图拥有百分之百的能量谱，在中心化的频域空间上，一个面积小近 100 倍的区域却已经集中了 92% 的能量。

这部分能量控制了原始图像的整体结构，就像控制车和燃油的软硬件部分一样。尺寸虽小，但其系数的分量却很重。而剩余可探索的空间虽大，系数值却都不大，并且它们是在 92% 的基础上制造细节，完成对结构的"贴膜"。但就是这些小小的改变，却能在视觉上、听觉上给人留下深刻印象，甚至让人以为人工智能快要变天，离通用人工智能不远了。

尤其是在生成式人工智能主导人工智能发展方向的时代，"生成"似乎成了一种"约定俗成"的范式。模型训练完成后，我们只需要做一点小小的努力，输入一组提示词、一段文字表述或一张草图，生成式人工智能就会自动给我们"脑补"出相应的图像、视频或音乐。

在这一过程中，高质量训练数据的标注是其中最重要且最能提升性能的一个环节。由于生成式人工智能极度依赖数据标注，要让模型的性能进一步提升，仅靠人力标注是远远不够的，而且会影响生成标注的时效。于是，对巨量数据标注的方式，已从人工标注向大模型辅助标注人工忽略的区域转变，最终进入模型全自动标注阶段。比如 Meta 公司推出的分割一切模型 SAM（Segment Anything Models）①。

生成式人工智能和以往的机器学习不同。从前我们在寻找答案时，总希望找到一个理论上的最优解。而生成式人工智能则没有如此限制，每次生成都有千万种可能，只不过它能挑出一个或一组它认为最优的或近优的解展示出来。但其他未展示的候选解也不一定差，也许只是主要目标稍微上下左右偏移了一些，也许是些许变形，也许是布局的改变，甚至有可能完全不同的内容但却有更好的视觉效果。而我们也只是根据其展示出来的内容来后知后觉地分析其中的优点。

然而，在被广泛认同的数据标注策略和生成式人工智能背后，却有三个潜在的问题或风险。

归纳偏置

按照缩放定律（Scaling Law），当人工智能大模型的预测精度在参数规模超过某个阈值后，其性能会快速提升。这一现象的成因虽不清楚，但它与数据量的大小密切相关。而后者的标注由于量级的变化，人工智能自动标注不可避免，也因此

---

① 王淼，黄智忠，何晖光等 . 分割一切模型 SAM 的潜力与展望：综述 [J]. 中国图象图形学报，2024，29（6）:1479-1509.[DOI:10. 11834/jig. 230792]

量级过大，以至于无法避免归纳偏置问题。

　　比如在以前人类标注的时代，有一个典型案例：如何从图像中识别阿拉斯加犬和哈士奇。一开始人们发现模型区分两种狗的预测性能不错，但仔细分析数据集后才发现，其实是根据图像里的冰天雪地来识别的。只要背景有雪，就是阿拉斯加犬。这是数据集收集时出现的问题。而最近也有类似的例子。比如某手机曾推出的一键消除功能，如果用在女性上半身，便会变身为火辣身材的形象；还有从古人的颅骨还原出人的面容时，也被人质疑有可能是借鉴了项目负责人的面容。这从某种意义上来说，是人工智能生成数据训练后导致的结果，但多少也反映了设计算法者或收集数据者的品位和偏置。

冰天雪地里的狗，
一定是阿拉斯加犬！

而进入人工智能自动标注时代，当十亿级甚至更大规模数据集出现时，我们已经很难发现其中对某些小细节的归纳偏置，尽管有文献在研究如何避免，但最多能部分解决一些相对明显的偏置。况且，只要存在这种偏置，我们就很有可能被其误导。如果习以为常，更有可能被生成式人工智能这些隐含的规矩所牵制而不能自拔。据说，现在围棋界已经无法摆脱用AlphaGo发现的开局来下棋，否则无法取胜，导致现在的棋局上很难再见到以前那些有个性化的开局风格了。如果过于依赖人工智能，生成式人工智能也会不知不觉地让人类在众多领域（如绘画、音乐的创作风格及口味，甚至审美等）被人工智能的"偏好"所主导。

第二部分　人工智能不能做什么

脑补式创作

基于大模型的图像视频生成创作，主要通过提示词和语言对话的形式来实现。生成音乐的创作方式类似，通过输入一段歌词，指定风格和人声等，即可完成。一方面，这种方式极大地降低了人类创作的门槛，原本需要长期磨练的童子功，在大模型的辅助下，人变得轻松不少。现在基于人工智能的创作更像是傻瓜相机上的后期加工，但又不同于傻瓜相机，因为傻瓜相机只是简化了成像，并不参与图像的实际创作。另一方面，人类在其创作中占的比重似乎变得微乎其微，有点像"画龙点睛"式的"贴膜"。只需只言片语，学会符合大模型逻辑的提示词构造法，人工智能便能生成人类满意的画作。但实际上，底子是人工智能的，人类只是用提示词给了个大方向，还并不精确。可人工智能就像个乖巧的下属，对人类的指令心领神会，弄出来的作品让人十分满意。其实本有千万种可能，但人工智能只是将其中几种呈现出来。比如人物的位置，可以是左上角、右下角、中间，也可以在预期的位置上下左右偏移几十个像素。这种相对的模糊是可以接受的。因为多数人类并不清楚自己真正想要的画是啥样，人工智能也不清楚人类想要的是什么，但仍然会按概率自信地画出来。如果说一图胜千言，那么在生成式人工智能"脑补"时代，似乎是"一言成千图，图图皆迥异"。从贡献来看，显然是人工智能占的比重更大。而

人类只是用提示词在人工智能制图的基础上贴了层膜，便成了"自己"创作的作品，但是基础仍是人工智能说了算。就像网上教画马的例子，人类画了前几步的铅笔画，如一个圈代表头，四条直线代表四肢，再加一个圆代表身体，一条折线代表马尾，人工智能便将其补全成活灵活现的马。可人类对从简笔画到人工智能画成的中间过程却全然不知。

杰作与海量

据不完全统计，人工智能在 2023 年、2024 年这短短两年中创作的作品数量已经超越了人类文明史上所拥有的全部作品数量。毫无疑问，这些不是任何人可以靠脑容量和理解能力记得住的。比如一个人在微信好友突破5000人后，就可能会出现脸盲的现象。而上百亿、上千亿、上万亿的人工智能作品出现后，同样会物极必反，面对如此海量的作品，人类真正能记住的作品或对人类有意义的作品变得寥寥无几。当然，人工智能在艺术品创作领域发力、产生巨量创作，还有一个原因是对艺术品的评判相对主观，没有统一的、更为客观的标准，即使是对人类，对艺术品的判断也会随时间、地点等多种因素的变化而发生变化。

那如何才能让一个人工智能作品脱颖而出，真正成为杰作呢？固然，我们能看到《太空歌剧院》这样的作品获得艺术类比赛冠军，但这有可能是在人们不熟悉它的成画模式下，因为新奇而给予的认可。一旦发现后续的创作都有着似曾相识的算法痕迹，可能就不会再高看一眼了。实际上，如果仔细看看近年来人工智能画的作品，已经能看出一些套路化的技巧。尤其是当提示词相近时，人工智能画出的画几乎风格一致。

而反观人类的画作，很多杰作并非仅聚焦于作品本身，还有背后的故事在支撑。比如梵高的画，之所以有名，不只是因为画得有多精彩，还有其背后的励志故事，引起了人们对画作和作者的共情。

那么，除了巨量的"高质量"数据、百亿级的深层大模型、强计算能力的显卡集群外，人工智能创作的艺术作品会拥有励志的故事吗？如果没有，即使画得再好，也很难让人最终产生共情。即使初步觉得好听、好看，人们也许不过是表示一下惊叹，然后这些作品便会湮没在人工智能快速发展的滚滚洪流里。如果有故事，它究竟会是什么，我们又如何量化这些人工智能的励志因素呢？

幻觉

生成式人工智能有时候会产生匪夷所思的图像、视频或音乐，AlphaGo 当年在下棋时还下出了人类 300 年棋谱中没见过的妙着。这里蕴含了两种需要思考的情况。一种是创新性。考虑到人类只具备有限的记忆能力，人工智能可以通过高效地枚举所有可能性来突破记忆的限制，因而可以发现一些人类未知的知识。它在很多方面都有着潜在的价值，比如通过生成式技术产生各种蛋白质的折叠结构。其中的一些结构就有可能是某些疑难杂症的克星。人类要做的是从海量结构里筛选出那些有用的折叠。

另一种是负面的幻觉。尽管生成式人工智能能产生貌似合理的结构，但这并不意味着它真正理解了内在的机理，它的生成仍然是基于概率，基于海量数据的统计规律。这种概率式输出的结果是，人工智能会充满自信地输出一些它认为正确的，但并不符合人类常识的内容。

在视频生成中，这种幻觉表现为生成违反物理世界规律的视频。比如 Sora 生成的视频中，一位老奶奶吹生日蜡烛时，蜡烛上的火苗纹丝不动；一个健身的人在跑步机上跑步，跑步机也在跟着跑。而在文本生成中，则表现为一本正经地胡说八道。比如产生一些完全不存在的历史人物和事件，生成从未发表过的文献。如果纯粹用于娱乐，也许并无大碍，但如果是作为正式的、严格的论文发表，那么就会产生严重的学术不端问题，尤其是当作者使用了生成式人工智能技术来润色论文，但又不严格检查时。事实上，有作者直接把人工智能建议的内容写进论文并发表，然后被人发现并举报的事已经发生了。

但能否杜绝这种情况呢？可能很难。因为以人类有限的搜索和计算能力，是不可能把全部的幻觉都挑出来的。只能采取三种办法：要么出现一例未见过的幻觉，通过修改规则和对模型进行微调来修正；要么把可能的风险通过设定规则检测出来；要么引入联网检索功能，对疑似幻觉的内容进行网上再核实。但是生成式人工智能产生的变化是巨量级的，且生成速度也是惊人的。它产生的组合爆炸速度会明显快于人类找到那些异常的速度。因此，一旦幻觉的比例大到人类无法控制的时候，就很可能会产生一些未知的大问题。

在上述几个问题里，个人以为，归纳偏置对人工智能的发展可能最重要。如果说 1974 年莱特希尔报告里提及的组合爆炸问题，导致了人工智能的第一次寒冬。那么，这一波生成式人工智能的寒冬如果来临的话，有可能是无法彻底解决归纳偏置，导致失控的人工智能生成所引起的。

7 智能拼卡时代：穷调参，富买卡

2023 年以来，人工智能的发展不可谓不快，以生成式人工智能为主流，在聊天式人工智能、文生图、文生视频、文生音乐方面，一个接一个新的成果被快速推出，如 ChatGPT、Sora、Suno 等。2024 年 1 月，学术圈还在讨论 4 秒的文生视频如何拓展到 15 秒，到了 3 月，OpenAI 公司的 Sora 就已能直接生成 1 分钟的视频。随后，不到两个月时间，Anthropic 公司的 Claude3 以及 Meta 公司的 LIama3 也在陆续刷新大语言模型的性能纪录。甚至有人发现，Claude3 似乎有所谓的"意识"，发现到自己处在模拟环境中，正在接受某种测试。

随之而来的是，大家也发现大语言模型（Large Language Models，简称 LLM）对能源的需求越来越大。尽管 2025 年初 DeepSeek 让大家看到低算力、轻量级大模型的威力，但总体趋势未变。据说，训练 GPT–5 需要的电能过大，以至于不能将硬件全部放在美国的单个城市里，只能分散到不同地方，否则可能会导致当地居民无法正常用电。也有人预测，按这个趋势发展，到 2035 年，人工智能在美国的耗电量将占到总电量的 20%~30%。当然，这个前提是，目前的人工智能技术仍然是主流，人工智能也没有再次进入低谷期。人工智能对能源的巨量需求，从大的框架来看，主要是对大数据、大模型以及硬件环境的严重依赖导致的。

大数据的标注能帮助人工智能形成有效的监督或有教师指导的学习。所以，大量使用人力进行数据标注，便成为人工智能研究者们的第一要务。不过，这一做法也在变化。因为超大的人工智能模型需要的数据，光靠人力标注还不够它"塞牙缝"，训练效果也不好，用人工智能模型巨量自动生成的效率会更高。有些数据标注已经发展成为由机器生成、机器标注、机器自动评判标注有效性的三个环节组成的流水线作业模式。而生成的数据规模，也远超人类文明历史上的所有时期，比如图像，人工智能生成的数据可能已经超过 1500 亿张。如此大规模的数据，已经非人力可为，只有高效的机器才能应对，毕竟它们不需要休息。

从 Meta 公司 2024 年官宣的情况来看，模型的参数已经奔着 8000 亿甚至更多去了。但如果按以往人工智能研究者的经验，从数据和模型参数的关系来看，数据的规模要随模型参数呈指数级增长，才能保证模型得到充分训练。它意味着两种可能：要么是数据还不够多，不足以"喂饱"大模型；要么是数据够了，但要寻求最优解，设计一个过完备（即远超过必需）的大模型更稳妥些。前者有一定道理，因为我们仍然能看到数据标注方面的大幅投入，不管是人力的，还是虚拟的。后者也有可能，因为设计过完备空间是人工智能领域的常见操作，早在小波（warelet）算法流行的时代，大家就知道扩充维度能帮助更好地找到最优值。把寻找最优值的空间变得足够大，虽然大部分地方是空的，但只要有耐心，总能找到最优解或更好的近似解。当然这个耐心是需要用显卡和能源消耗来代偿的，毕竟天下没有免费的午餐，时间换空间、空间换时间，你想得到某样东西，就一定会失去某些东西。结果，我们看到了显卡公司股票的一路飙升，电量消耗让众多大模型公司都有些吃不消。为了节省电费开支，一些超算中心干脆选址在水电站边，因为原产地的电费比转手的便宜得多。也有把大量服务器放置在常年低温的山洞里的，因为这能大幅节省因计算发热的服务器降温的空调用电费。

从工业落地的角度来看，这无可厚非。因为公司级的人工智能产品最好是"独孤求败"型，只要能训练出具有优异性能的唯一模型即可，哪怕其中存在大量不方便"复现"的，或因某些不便透露的工程技巧。只考虑可复现性，反而会缩短与潜在竞争公司间的差距，导致前期巨额投入打水漂，除非是遥遥领先，或者自我感觉良好。

但从学术界的角度来看，跟着这股风去研究人工智能，有可能不太明智。一是本来就没有这么强的算力。以中国国内高校的显卡数量来看，能有近千块 A100 显卡的屈指可数。比如复旦大学的 CFFF 平台，在 2024 年仍是国内高校最大的云上科研智平台。其平台上的 1000 多块 A100 显卡已经可以算高校里算力强大的，但跟公司比还是弱不少，因为公司级别是采用大模型做研发的，显卡数量都在十倍甚至百倍。二是没这么多的大数据。比如互联网大数据，是天然就不在学校手里。而现在相当多的应用都依赖于源自企业的大数据。三是设计大模型的人力成本也不足。公司层面在吸引人工智能领域人才的薪酬方面的优势，显然不是学校能超越的。即使有，那也只可能是凤毛麟角。所以，如果沿着大模型方向走，要么只能玩点玩具级或缩水过（如蒸馏学习）的大模型，要么就融入大公司或有充足资金和硬件支持的大实验室，采取草船借箭式的发展策略。

实际上，现在对显卡的依赖也或多或少影响了对人工智能创新方法的评价。有些人可能以为，只有模型大才需要大量的显卡。而实际上，只要有（深度）模型，只要无闭式解，就需要调参，并且需要一组一组地调整。在这种情况下，用于科研的显卡是永远不够的。试想，有两个学生同时找到一个简单且直接的创新点，需要对其进行 60 组参数的调参，才能确定最优性能的参数。A 学生实验室有 60 张显卡可供其使用，

B 学生实验室只有 1 张显卡可用。跑一组参数需要 1 天时间。那么，结果是显而易见的。A 学生用一天时间就找到了最优参数，并立马可以开始撰写论文、补充各种实验。而 B 学生花两个月跑完实验，正准备写论文时，在 arXiv（一个论文在线发表网站）上却发现 A 学生已经把完整的论文上传至网络了。这意味着 B 同学两个月的辛苦白费了。这一问题在公司层面也会有类似的表现。当显卡数量少、性能滑档、显卡与显卡之间通信能力弱的时候，同样需要依赖调参来优化模型。

不仅如此，很多大模型一旦跑起来，由于参数量过于庞大，即使中间出错也不太愿意停下重来，因为重新训练的成本太高，只能将错就错，期望后续的训练过程能纠正一些。

所以，这些问题导致在人工智能的研究中出现了"穷调参，富买卡"两个主要的发力模式，即"资源有限且进行参数调优，资源充足且购买高性能显卡"。由于显卡数量的差异，资源丰富的实验组跑出来的结果，在时间和技术条件有限的情况下，资源贫乏的实验组难以复现。

除了显卡的问题，大模型的发展方向还有其他不少问题难以解决，比如幻觉问题、一本正经地胡说八道。就我个人的理解，它本质上还是 20 世纪 70 年代莱特希尔报告里指出的人工智能问题的再现，即组合爆炸问题。一是规则以外总有例外；二是大模型对问题的理解和回答是基于概率而非真正人的理解模式，这就决定了它始终会出现幻觉和胡说八道的情况。

它也意味着随着人类参与相关模式对话的深度和广度的提高后，这类现象仍旧会层出不穷。

另外，目前的大模型策略有明显同质化的倾向，几乎已被生成式的策略一统天下。自 2017 年 Transformer 架构被提出以来，我们能看到的大多是它的变体。如 2024 年推出的文生视频模型 Sora，从公开的报道来看，也是将扩散模型里的多尺度网络 U–Net 改成了 Transformer。2025 年 OpenAI 推出的 GPT–OI 文生图功能，从其中一张生成的照片透出的技术细节来看，仍是由 Transformer+ 扩散模型构成的。

甚至人类的活动也开始被人工智能同质化。比如近年来围棋选手在比赛时，已经出现雷同的开局模式。因为如果不按

AlphaGo 建议的开局模式来落子，大概率会输棋。

尽管近两年人工智能的确取得了令人瞩目的成绩，我们仍需要清醒地认识到，大模型和人类在处理问题的方式上显然不同。一是能量消耗上，人类没有这么大的能耗。二是知识储备上，人类没有足够的储备。但也许人类的这种智能才是自然进化的最优选择，才更为绿色低碳。三是思维模式，人类更偏好整体认知。比如一张大熊猫照片，在上面增加 0.007 的噪声类，人类看仍是大熊猫，而算法却可能将其识别为长臂猿。这表明人工智能在识别目标方面与人类有完全不同的逻辑。

而从科研的角度来看，当科研创新变成一种套路，甚至转为依赖工程技巧时，就需引起警惕。当"烧钱"却看不到希望的时候，科研的转向就只是时间问题了。如果转向导致人工智能再一次陷入寒冬，就有可能会伤害到那些在扎实做人工智能探索的科研工作者。

人工智能的边界

8 退化的可解释性：预测与可解释之间的不确定性

在依赖强算力、大数据、深度模型之后，我们丢失了人工智能的什么重要指标呢？近年来的人工智能发展，从总体上来看，是不太注重可解释性的，预测性能为王，因为后者更容易变现。

自留地——随机邻域嵌入

事情得从 t-SNE（t 分布的随机邻域嵌入，t-distributed stochastic neighborhood embedding）说起，深度学习研究者都希望通过可视化的方法来让人们看到模型到底在学什么，以便更好地说明模型的效果，顺便通过可视化的图把论文变得丰满。

对于预测或者分类问题，t-SNE 能够比较好地在二维平面上将不同类别的数据点用不同颜色着色后展示出来。如果分得好，那么相同类别的数据点会聚在一起，且与其他类别分得比较开，就像一块块自留地一样。它意味着，只要用几个简单的线性分类器，比如建几条直路，就能把各自的自留地分开，从而大幅度减少分割不好引发的混淆。分得不好，那不同类别的数据就会像打群架一样，混在一起，让人傻傻分不清楚。

　　t-SNE 的发布时间算起来并不短，距今已近 20 年。它是由深度网络先驱、2018 年图灵奖得主、2024 年诺贝尔物理学奖得主杰弗里·辛顿（Geoffrey Hinton）提出的。这一算法提出的大背景是当时风头正盛的流形学习（manifold learning）。流形学习的兴起始于 2000 年的三篇代表作：一篇强调人类认知可能是以连续吸引子而非我们常见的离散吸引子来记忆事物。比如人的身份，连续吸引子的好处在于允许只记一张人脸，却可以在大脑里形成一条曲线或一个曲面，甚至更高维的超曲面，那么当再次遇见同一人时，即使是处在不同角度，人们也可以在这隐含了角度控制变量的超曲面上自由旋转来匹配相同人的身份。另外两篇则是用相对简单但直观的算法发现高维数据里的低维结构，如从手旋杯数据中发现了内在的旋转规律，从人脸数据集发现了上仰下俯、左右变换甚至表情的低维表达。因为从理论上来说，超曲面是流形的一种表达形式。从认知上，它能解释一些与记忆相关的现象。从维度上，它又实现了高维数据的降维并能进行可视化解释。所以，这三篇代表作迅速地掀起流形学习研究的热潮。

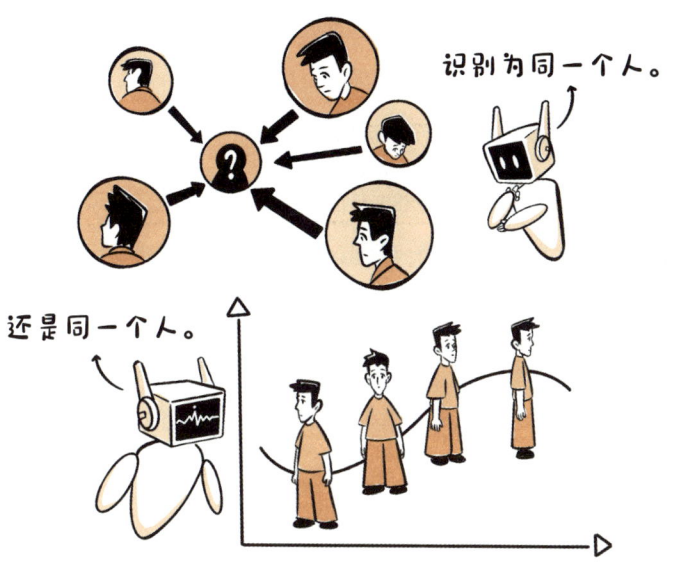

　　辛顿也不例外。他首先提出了一个随机邻域嵌入算法。这个算法的特点是假设高维数据是存在概率分布的，但分布在邻域意义下是不对称的。比如，以"我"的自留地为中心，和其他相邻的几块地（包括张三的地）可以形成一个分布。以张三的自留地为中心也可以和其他人的地形成分布。这样的话，以"我"为中心时张三的自留地自然地出现的概率，就不会等同于以张三为中心时"我"的自留地出现的概率，因为"我"和张三划邻域的方式是不同的。这篇文章发表后不久，辛顿又发现一个问题，高维数据在低维可视化时，如果数据真正的低维是十维，硬坍缩到二维来显示，有可能会把数据点原本正常的结构也压缩变形，毕竟居住面积减少太多了。因此，他把不对称的概率分布用 t- 分布做了替换，从而解决了这一问题。他也把 t-SNE 的源码开源了出来。

因为 t-SNE 在二维空间有比较好的数据可分性的可视化效果，所以人工智能的科研工作者们都乐于使用 t-SNE，以了解自己提出的算法是否能够把数据点分开，以便验证算法的预测性能是好是坏。虽然后来有人将 t-SNE 可视化改到三维球上显示，也有其他的一些改进方法，但 t-SNE 仍然稳定地成为人工智能领域首选的高维数据可视化工具。

一分为二——线性判别分析

为啥经 t-SNE 可视化后，数据分得越开，就越好呢？这事倒不是 t-SNE 提出的，而是更早的线性判别分析（Linear Discriminant Analysis，简称 LDA）所形成的观念。t–SNE 只是负责将观念可视化。

最早采用这种思考的方法是线性判别分析，而在此之前，科学家常用的数据降维方法是主成分分析（Principal Component Analysis，简称 PCA）。自 1904 年左右提出至今，PCA 统治了数据分析领域近百年时间。从名字可以知道，主成分分析希望做的是发现数据中的主要矛盾，去掉次要矛盾。从统计的角度阐释，比如主要矛盾就如同找一条穿过数据中间的直线（此处可以形象地理解为"步道"）。这条步道最能反映沿数据"跑直线"时能展开的最大长度，同时又能保证数据点到这条步道的距离差的总和最小。严格来说，即是保持方差（长度）最大，偏差（距离差）最小。次要矛盾的找法相同，只是找到的第二条"道路"与主要矛盾垂直。通过找到与前几个主要矛盾垂直的步道，最终找到若干能代表数据主要矛盾的步道。这些步道的组合俗称主成分。

有没有人想过不用直道，用弯道呢？毕竟不是所有数据都能直来直去地划分和归纳总结。当然有，一维的叫主曲线，即穿过数据中间的曲线。比如用粉笔侧面而非笔头在黑板上刷一个粗体的"又"字，那通过粗体中间的"又"字细线就是主曲线。二维的叫主曲面，三维以上的叫主流形。但涉及曲线后，要使用的数学工具过于复杂，也不好解释，所以主流形的研究不占主流。

再说回主成分。主成分的问题在于没有利用数据点的标签，比如在人脸图像数据中，张三的照片标签是张三，李四的照片标签是李四。如果想做好人脸识别，提升识别性能，只找到主要矛盾是不够的，更好的策略是利用人脸的标签信息。如何用呢？一个直接的思路是让同一标签的人脸图像数据都尽可能靠在一起，比如张三在不同时间、不同角度拍的照片聚在一起，再让不同标签的照片都尽量分开，比如张三的照片放一团，李四的照片也放一团。在这种情况下，要找一条能把这两人分开的路，这就是第一判别主要矛盾。而要获得这条路的办法，是保证类内距离尽可能小，类间距离尽可能大。要实现这

个目标，极端情况下就是要把同一类的数据缩成一个点，把不同类的数据拉远即可。这便促成了线性判别分析的算法动机。

借助这一思路，引入标签的学习策略都能很大程度地提升预测的性能。即使到了人工智能的深度学习时代，为了提升预测性能，采用的策略依然如此。一方面尽可能多地加标签，如监督学习是人工加标签，监督学习是利用数据特点来生成正负标签、基于人类反馈的强化学习是通过奖励模型学习人类的标签等；另一方面则是沿袭线性判别分析的观念，比如深度学习里常用的两个损失函数：对比损失和三元组损失函数，从其机理来看，仍然是万变不离其宗，期望达到"类内足够小，类间足够大"的目标。

人工智能的边界

退化的结构 / 可解释性

值得注意的是，主成分分析与线性判别分析之间的差异主要在于，前者捕捉了数据的统计结构。与主成分分析类似，还有许多地方也致力于保持数据的结构，比如，前文提及的流形学习是为了保持数据的几何结构，使数据尽可能光滑。而从预测角度出发的线性判别分析，并不特别关心数据结构的保持，而是为了能让标签的预测尽可能准确，有意识地缩小类内空间和拉大类间空间的距离。从近几年来的深度学习文章来看，用 t-SNE 可视化特征表达时，似乎都在表达这层意思：同类数据成团了，不同类数据则有效地分离。虽然也有一些如解耦学习这样的方法，期望通过某些维度来获得模型的可解释性，但既然其主要目标是提升预测性能，其他维度必然会被牺牲不少。

然而，结构的丢失，或多或少意味着数据原本结构的丢失，这意味着可解释性的丢失。但是，也许预测性能与可解释性本身就存在不确定性，追求前者的极致会丢失可解释性，反之，对可解释性的保持又会降低预测性能。也许在这两者之间寻找合理的平衡点，才是人工智能打开人类智能之门的关键钥匙。

9 偏差方差之争：机器与智能的平衡

如上文所述，自 20 世纪 50 年代开始，人工智能研究关心的核心问题之一就是预测。早期的跳棋程序设计，就期望能获得对棋局走势的准确预测。但当年人工智能的学习算法在研究水平上还达不到实用级别，数据的采集规模和条件都很有限，硬件条件也不足以支持基于大规模数据的高效计算。最初，人们曾考虑模拟人的决策方式，如采用基于规则的方法或专家系统来进行预测。但好景不长，基于规则的方法和专家系统很快就面临组合爆炸问题，即无法穷尽所有可能，总有不符合规则的例外出现。因此，这一思路没持续多长时间就被其他更有效的预测方法所替代。

而同时期罗森布拉特（Rosenblatt）提出的感知机模型，让大家看到了利用有限的样本数量，从理论上估计分类器性能的希望。但这一方法风光一段时间后，就被人工智能代表人物马文·明斯基指出无法解决异或问题。神经网络方向的研究也因此一度陷入困境。再加上同时期其他人工智能研究的不顺利，人工智能进入了第一次寒冬。

尽管如此，人类在提高模型的预测能力上还是想了很多办法，包括复杂的、简单的、统计的、几何的、优化的。不过无论用哪种方法，归根结底都离不开两个基本概念的平衡或折中，即偏差和方差。

偏差是什么呢？就像有条正确的路，人走的时候因为重心不稳导致无法一直沿着它直走，便产生了偏离正确路线的差异，即偏差。

方差又是什么呢？哲学家赫拉克利特曾说过："人不能两次踏进同一条河流。"既然无法沿着精确的正确路线走，那每次走的路线自然也会不一样。把多次行走出来的路线累计起来，再计算走这些路线的平均结果的差异，再平方后累积就是方差，再开根号，就是标准偏差。

偏差最小的路是……

我们在预测时，往往希望偏差尽可能小，以便获得好的预测。同时，我们也希望方差小，这样模型会更稳定。然而，这两个目标却仿佛天生存在矛盾，如同熊掌与鱼，不可兼得。

偏差小的，通常需要对真实的路线做更精细的匹配，这就意味着得把模型设计得更为复杂。它带来的副作用是，其对数据的敏感性会增大，预测的结果容易产生更大的波动，即方差会增大。相反，偏差大的模型相对简单，比如不管是哪条路，哪怕弯得再厉害，我也只走直线，那从数学上看显然是最简单的，稳定性也好。因此，对不同的路线，简单模型产生的波动相对较小，即方差较小。

从人工智能的角度来看，要对真实任务建模并形成好的预测性能，往往是三部分平衡所致。第一部分是偏差，第二部分是方差，第三部分是不可约简的噪声。第三部分噪声一般被认为是固有的，无法消除，所以对世界的学习，主要都放在前两部分。

既然前两部分的和决定了对世界的逼近能力，自然就可以沿两条不同的思路来实现。

一种是尽可能减少偏差。以分类为例，即识别一个目标属于哪一类，能最大程度减少偏差的似乎是最简单且几何上直观的 1- 近邻分类器。按字面理解就知道，它是根据离哪个已知标签或类别的样本更近来判别未知样本的类别归属。这种方法只要确定远近的距离或度量，后面的处理就简单易行，只

人工智能的边界

要找到 1 个最近的即可。因此，只要有标签的训练样本足够多，就可以保证偏差很低。但问题是，这样做的话，容易一叶障目，导致看不全未知的变化，以至于方差会比较高。托马斯·科弗和彼得·哈特于 1967 年曾提出过一个著名的结论，即从渐近意义来看，1- 近邻分类的错误率不会超过贝叶斯误差率（或"人类误差率"）的两倍。粗略来说，就是训练数据和测试数据最多会各贡献一次误差。

另一种则是减少方差，它寻找对真实世界的稳定逼近或近似。举例来说，统计学常用的最小二乘法就是通过简单的特征加权组合来实现对未知世界或函数的逼近。这一方法的好处是线性的，能提供较强的可解释性。由于是无偏的，即估计量的数学期望等于被估计参数的真实值，著名的高斯–马尔可夫定理曾证明，在所有无偏的线性估计量中，最小二乘估计具有最小的均方偏差。

有了对偏差和方差的直觉印象，科研人员发现其实在线性情况下做的无偏估计，有时总的偏差仍然不低。那么，如果不考虑无偏性，稍微放松点，做成有偏的估计，虽然会增加一些方差，但却有可能进一步减少偏差，从而让预测性能能够进一步提升。

举例来说，偏最小二乘方法会搜索那些高方差和与响应高度相关的方向，并倾向于收缩掉低方差的方向。虽然这种方法不是无偏的，却也能进一步提高总的预测性能。类似地，岭回归是在所有方向均进行收缩，但对低方差方向收缩得更为厉害。也有反向的处理方法，如自然三次样条，它是通过约束边界节点以外的部分为线性函数，以边界处偏差增大的代价来减小边界节点以外的方差。诸如此类的技巧还有很多，就不一一枚举。

在经典的偏差-方差理念下，大家想到的解决方案或模型设计都是寻找这两者的平衡或折中。然而，在实际工程应用中，有的时候也可以忽略统计上的期望，只追求对单次或有限次数意义下的有效估计。那么在这种情况下，我们可以找到更优异的模型，比如深度学习。

除了偏差与方差、统计与个体的思考外，还有科学家考虑过（非不可约）噪声存在的情况下需要做的折中。比如提出过《控制论》、被誉为自动化专业的"祖师爷"的维纳。他发现信号的还原和噪声的抑制之间存在折中。具体来说，在还原信号的过程中，如果只是单纯地将信号退化的函数逆变回来，那么在有独立于信号退化过程的噪声存在时，这个噪声也得经过退化函数的逆变换。结果是，当该退化函数在频率高的部分系数很小时，这些小的系数会在还原真实信号的同时放大噪声的不利影响，导致逆向还原函数的性能不理想。此时，就需要引入能够自适应控制信噪比的维纳滤波器来处理。

不难看出，为了能获得好的预测性能，我们在偏差-方差上花了非常多的时间和精力去寻找突破。而我们也应该记住的

人工智能的边界

是，人类和智能生命存在的意义可不只是为了预测。预测是帮助其生存的重要条件，但并非唯一的意义。如果只是预测，人类和其他智能生命可能就是机器了。这也是人类智能和人工智能的最大区别。也许，要想让人工智能具有如人类一样，或被人类认可的智能，牺牲一点预测的准确性，允许犯错，才是未来人工智能要努力的方向。

10 德雷福斯的批判与预言：乐观的人工智能学者

关于人工智能到底不能做什么，自第一次人工智能热潮开始以来，讨论就没有停息过。1979 年加州大学伯克利分校的哲学教授、国际知名的现象学家休伯特·德雷福斯（Hubert Dreyfus）出版了《计算机不能做什么：人工智能的极限》一书，来批判当时的人工智能研究。该书的中译本于 1986 年由宁春岩译、马希文校后在国内出版。从时间点来看，1979 年人工智能恰恰处在第一次寒冬中，而一年后又因专家系统的兴起而慢慢复苏。

德雷福斯认为第一次热潮失败，主要原因是人工智能学者过于乐观，且研究思路像炼金术。当时，他也认为人工智能无法处理人脸识别和下棋这样的复杂问题。为了支持其观点，他在书中从生物学、心理学、认识论和本体论四个主要方面对当时人工智能的研究现状和思路进行了分析。

德雷福斯的这本书出版至今，已经过了 40 多年的时间。

如本书所述，人工智能在这期间有了飞速的发展和进步，人脸识别技术已进入实用化阶段，棋类人工智能技术也从早期简单的跳棋程序发展到彻底打败了人类围棋世界冠军的水平。人工智能的研究也从早期的专家系统和解决不了异或问题的感知机，转向了统计机器学习，以及以高质量数据、大模型、大算力为基础的深度学习框架。德雷福斯批判的前提是，早期人工智能和计算机领域的科学家们乐观地认为，人类智能行为是数字计算机进行信息加工的结果。只要把程序设计好，就能让计算机复现人类的行为。那么在现有的人工智能框架下，德雷福斯批判的内容是否已经完全过时了呢？我将从德雷福斯提出的批判的四个方面逐一进行简要分析。

生物学假想

人工智能领域曾有一种观点，认为大脑可能会以某种与计算机类似的计算方式，即采用 0、1 开关闭合的离散运算，在神经元层面上执行智能的计算。

目前我们采用的电子计算机仍然以冯·诺依曼架构为主，最基本的电子元件单元仍是 0 和 1。虽然存算一体的计算机及量子计算机的研究取得了进展，但离实际应用尚需时日。而人类大脑的信号传递模式却并非这样，大脑中既存在类似数字的神经信号，也有体液形式和模拟表达的信号传递。更重要的是，人脑神经元之间存在的相互作用十分复杂，一个神经冲动序列可能有数千个神经元参与，并且能够通过精细分级来反映不同神经元的参与情况。因此，简单地将人脑看成是数字计算机并不现实。

即使到了现在，德雷福斯从生物学假想出发的观点仍然是合理的。要产生与人类相同的智能，我们可能需要一种新型计算机硬件设计方案。这种方案不应该是仅仅把显卡堆砌起来就能达到的，也不应该仅建立在 0、1 开关的离散运算上。

心理学假想

计算机可以被看成是大脑的一种模型，能对数据进行信息加工，反之亦然。

心理学家认为大脑的思维过程可以描述成一种信息加工方式，而认知心理学便是基于此发展而来。然而，大脑的"信息"加工方式不一定要严格按某种固定的程序来执行，因为大脑神经元的连接存在一定的随机性，并且神经元在人的一生中还会不断更新替换。在更新中，旧的突触连接会断开，并形成新的突触连接。不仅如此，杰弗里·辛顿也曾说过，人的大脑里也不存在可以从神经生理学上直接验证的梯度计算、反向梯度优化等机制。

因此，也没有理由认为，人会在大脑中采用类似人类使用的计算机程序来进行信息加工。

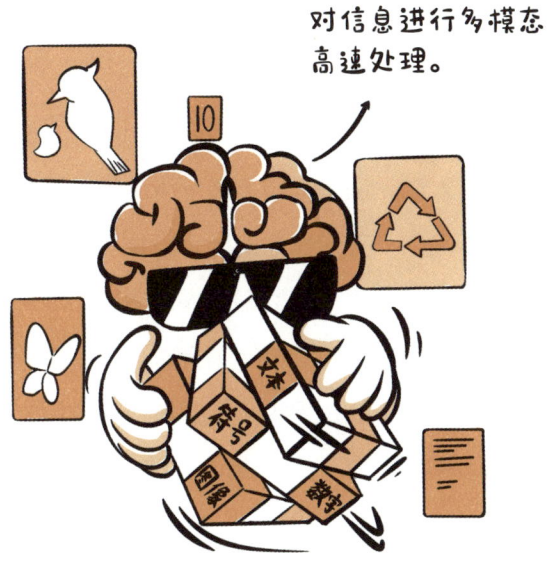

认识论假想

人工智能乐观主义者认为，一切知识都可以形式化，即可以表达成计算机能理解的结构，因而人工智能能解决一切问题。

他们乐观地认为，尽管不可能把人类所有无意识的运算都形式化，但是智能行为这一部分可以用规则来形式化。因此，可以让机器"复制"人类的智能。

德雷福斯将这种行为分为两类，一种是 know-how，即知道如何做；一种是 know-what，要知道是什么。他以学骑自行车为例，解释了两者的不同。前者在熟悉的场景时，不会问底层逻辑，而是直接学习与骑车相关的动作。而当超过学习者的熟悉程度或已有技能时，他就必须了解清楚原理，对问题进行形式化，才会有进一步的智能行为。

不管是 know-how 还是 know-what，人们在做任何决策时，都会有大量无法明说却又必不可少的神经元计算充斥其中。比如说，我们一天的日程安排，虽然有些是确定的，但仍然有一些是随性而定的，或根据他人的情况而发生改变。而做出决定之前，大脑里面已经进行了多次、多因素的思考。比如我平时跑步，在跑步的过程中可能想过各种发朋友圈的豪言壮语，到真正发的时候却只是一句简单的"慢跑五千米"。其间的无数闪念，都没有明示出来。

这些"隐藏"的信息显然很难被形式化，也很少在人工智能算法中被明确定义出来，更不用说对其进行标签化了。从某种意义来看，这些因素可以说是不可计算的。

本体论假想

人工智能可以在计算机构造的大脑模型中，将可能的外部世界的相关因素或信息均提前预设好。它假设所有与智能行为产生有实质意义的事件，均可分解成确定的、与局势无关的元素。

德雷福斯在书中指出，人类的知识体系，如常识知识结构，往往由相当复杂的范畴组成。当对海量知识进行细分时，这些范畴的数量会迅速增加至机器无法处理的规模。而本体论

（Ontology）则认为，世界必须是由初始元构成的一组有结构的表述。

然而，由于人类决策的复杂性，人工智能学者可能缺乏有效办法将其内在的初始元显示和表达出来。不难看出，德雷福斯指出的问题，至今仍然没有得到好的解决。不过，乐观的人工智能学者经过 40 多年的努力，已经找到了绕开这些问题却仍然能提升人工智能性能的办法，如统计机器学习和深度学习技术的运用。而在本体论方面，人工智能也从最初的专家系统，逐渐过渡到本体论的研究，再发展到语义网、知识图谱，以及在大模型里出现的概率意义上的"知识图谱"。

但是，在逼近人类智能的能力上，我们可能只能将现有的人工智能进展归为"弱人工智能"。它还无法像人一样有知觉、自我意识、价值观和世界观，可以独立思考，有基本的本能反应等，即达到所谓的"强人工智能"的水平。

人工智能的边界

第三部分

人工智能 / 人类的未来

Chapter Three

　　毫无疑问，人类的未来是与人工智能共存的。但这种共存到底是双赢，还是双输，还是人类被人工智能完全取代，需要有一个相对理性的认识。本部分阐述了人工智能进入各行各业后，对人类生活的影响、人类与人工智能并存的模式、人类是否会被人工智能影响或取代、人类如何智斗人工智能以及人类独有的一些能力。

经过近 100 年的发展，人工智能已经应用于各个行业中。再加上 2023 年以来，大模型与人的交流能力又有了快速提升，不少科学家开始担心人工智能可能会全方位超越人类。各种报道也有类似的观点倾向，民众受此影响，也有相同的担忧。

但从前一篇的分析，我们也应该清楚，人工智能科研人员有的时候会对人工智能的研究过分乐观，导致过高估计人工智能的能力。可贬低人工智能的能力也不合适，毕竟它在现阶段已经让不少行业趋同。所以，不学、不了解甚至有意排斥人工智能显然是不太恰当的，未来的机会可能多是留给至少略懂一些人工智能知识的人的。那么，在此前提下，人工智能和人类的未来将会是什么样的情景呢？我想，这里面既有担忧的方面，也有相互促进的方面。本篇将就此尝试做些探讨。

人工智能的边界

1 普适人工智能：人工智能化于无形

　　人工智能的未来会是什么模样呢？有一种可能是出现普适人工智能（Ubiquitous AI）的形态。普适并不是个新名词，它曾出现在美国施乐公司帕洛阿尔托研究中心的马克·维瑟（Mark Weiser）博士于 1988 年提出的普适计算（Ubiquitous Computing）中。在他提出的这一概念里，他认为意义最深远的技术应该是那些消失不见的技术。以电机为例，电机在刚出现时，体形笨拙，噪声也极大，但随着科技的进步，电机逐渐被隐藏了起来，人们从外观上已经看不到很多电机的存在。比如电风扇、空调里的电机，基本隐藏在外壳里，静音的设计让人们感觉不到它们的存在。我们去医院做检查的核磁共振机里面也有电机，但其环形的外表也不会让人联想起电机，只有当机器快速旋转时才会意识到有电机的驱动。汽车也是如此，里面有 20 多个驱动汽车的电机、马达或螺线管，包括开门、雨刷、空调等，但一般驾驶员不会意识到它们的存在。尤其是新能源车出现后，更加感受不到电机的存在，因为担心过分静音让行人察觉不到，新能源车还不得不通过音响放出一种类似电机驱动的声音。但不管怎样，电机已经遍布在人类社会，人类却难以通过肉眼察觉。

普适计算也是如此，这位工程师希望计算会像电机一样，最终和其依赖的设备一起隐藏起来，而不像现在，我们还能见到服务器、台式电脑的存在，也能意识到计算一直在进行。要让其变成普适计算，那就需要将所有可能计算的设备都用起来，比如手机，在闲置时可用来计算。家庭智能电器同样可以如此。边缘计算本质上就是实现普适计算的一种方式。

类似地，人工智能未来也可能有普适人工智能的形态。它意味着两件事：一是人工智能的异常耗能型模式得到有效的解决，尤其是现在大模型时代，对 GPU 的高度依赖，以至于现在的计算设备都不能放在单个城市，而不得不分散至若干计算中心。如果有低能耗且具备相同性能的人工智能模型出现，那么就有可能将这些模型和相关的计算如同普适计算一样分布到周边设备上。二是人工智能相关的设备，会像智能手机、智能家居的面板一样普及，以至于最后我们感受不到人工智能的存在，却能实实在在地享用着它的服务。实际上，部分人工智能的应用我们已经感受不到了。比如几个人在一起聊天，不经意聊到某个商品，结果不久就能在自己手机上的购物 APP 里见到相关商品的推荐。从某种意义上来说，这也算是普适人工智能的一种体现。

未来，普适人工智能不仅能直接为用户提供人工智能相关的服务，人工智能也能自适应地选择周边的智能设备，帮助提升人工智能的能力，而这一切将不会被用户察觉。人类对人工智能的应用或存在将没有明显的感觉，而是将其当成再自然不过的事情。到那个时代，人类就进入了普适人工智能时期。

随之而来需要思考的问题是，人与人工智能如何相处？人工智能会让哪些行业消失，哪些又会新生，哪些仍然会延续？

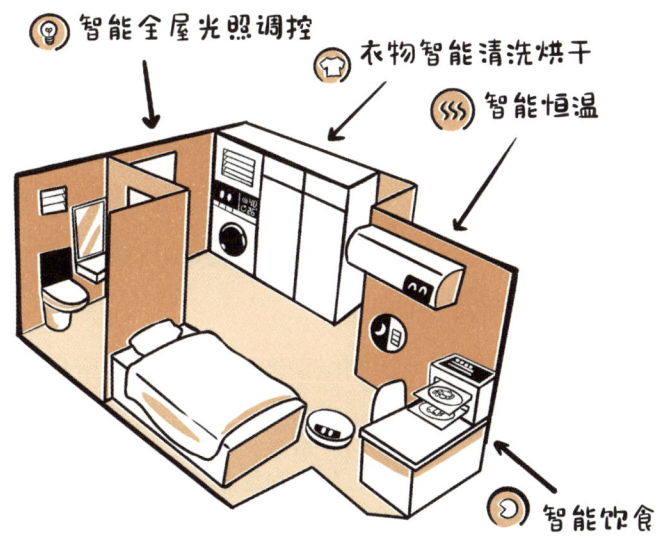

智能全屋光照调控
衣物智能清洗烘干
智能恒温
智能饮食

2 人机之争：消失的行业

先说一件发生在 19 世纪的事。自 1820 年蒸汽汽车在英国诞生后，它就受到了各方面的质疑。比如 1858 年英国实行的交通法规，要求蒸汽汽车在郊外的车速不能超过 4 英里 / 时，在市内不高于 2 英里 / 时，这比"马车"慢得多，这明显是对汽车的压制。有人不以为然，继续当马车夫；还有人看到蒸汽汽车上路，就开始学习如何驾驶汽车；也有些人开始研究如何帮助汽车进一步提升能力。每当新生事物出现，都不可避免地引发新旧工作方式的争论。

转眼到了 2024 年，我们似乎到了人机争岗位的时代。百度推出的"萝卜快跑"，在武汉投放了 1000 辆无人车。据 2024 年 6 月份的报道，其无人车的订单占比已超过 55%，订单总量超过 300 万笔。武汉当地的出租车司机也明显感到了压力，以至于曾集体请愿要求关停无人车的服务。

实际上，无人车上路也不是最近的事，在美国旧金山，

Waymo 无人车从 2021 年开始已运营了一段时间，北京的亦庄、上海的嘉定也有不少无人车在运行。

不过国内的路况相对复杂一些，无人驾驶要处理的技术瓶颈也多。从现在报道的结果来看，其优点如下：（1）无人车不会故意绕路，计价里程也精确，乘客不会被坑；（2）除了充电或换电时间外，无人车能 24 小时不间断工作；（3）无人车没有情绪失控问题，自然就没有路怒症，也不会因为玩手机分神；（4）对内向的人比较友好，乘客也可以自行调节车内温度。（5）国内无人车的定价在开始阶段低于出租车和网约车，但这通常是大公司为占领市场的基本操作，后续价格必然回弹。相比之下，国外的无人车费用比出租车的还要贵一些。

然而，其缺陷也很明显，武汉人将其称为"苕萝卜"，意思是"笨、不聪明"，因为萝卜车不像人那样果断，比如换道时有经验的驾驶员看到空隙就会插进去。它也不像人那样会顶着交通规则的限速来行车，比如人类有可能会抢黄灯的时间来快速通过路口，而无人车看到绿灯倒数 3 秒就停了；也许是出于安全至上的考虑，无人车有相当多的安全限制，导致其会在能走与不能走的情况下更优先选择停车。这对于赶时间出行的人来说，显然不是好的选择。在面对复杂路况时，无人车更像是一台"土耳其机器人"。土耳其机器人是 18 世纪的一台国际象棋下棋机器（据说是从未输过，但后来发现是机器里面藏着真人高手，机器只是按真人的走法来下棋而已）。无人车在面临复杂路况时，会有驾驶员在驾控中心远程接管无人车的控制权，根据无人车采集的周边环境情况来驾驶；高精度地图、车路协同和 5G 通信缺一不可。如果突然断网，那无人车自然会在复杂路况下直接瘫痪。而这三个要素的安装成本加上无人车的硬件成本等叠加在一起，也限定了其能运营的范围。目前要实现全路段运营，困难不少。

然而，无人车运营的技术在进步，运营成本随着无人车数量的增加也会进一步下降。在其落地的背后，我们不得不思考的问题是：如果以类似无人车的方式将人工智能推广到全行业，那人机之争可能是不可避免的。因为与马车和汽车争岗位的时代不同，人工智能取代的不只是单一行业，而是所有行业的某些职位的工作。这样的人机之争，很有可能导致从业人员无处可去，找不到适合的工作。

那么，我们要如何面对呢？

3　人机之争：新生的行业

　　人工智能的第三次热潮，其显著特点是有大量工业级、产品级的应用落地。因此，它无形中压缩了不少行业的工作机会，减少了获利空间。以互联网为例，以往做一个图像相关的任务，由于每个任务各不相同，因此需要一个独立的团队来开发和维护；若有多个任务，则要多支团队分别负责。大模型生成式人工智能出现后，多数工作被同质化成同一类型的任务，只要基于原来调好的预训练模型，再根据新任务特点做些微调即可完成工作，也就是大模型时代常见的"预训练 + 微调"模式。这导致相关的团队人员数量的需求大幅减少，是任务同质化后岗位减少的直接原因。事实上，因为人工智能的介入，完成项目的成本也显著下降。比如一个广告视频的制作，利用人工智能的文生视频技术生成初始方案，可以明显缩短制作的时间。即使还是采用跟人工智能介入前一样的人力成本，也有可能被不懂行的买家或客户怀疑使用了人工智能。这些反过来也会导致相关行业人员薪酬的缩水，从而间接迫使他们流向其他更挣钱的行业。

还有被人工智能替代后的精简现象也越发明显。只要那些原来由人类完成的任务能够被形式化、编译成程序，或者融入相关的硬智能体（如无人车、机器人等）中，形成替代后，相关人员的数量都会精简。比如写代码的程序员、电话／在线网站客服、一部分司机，甚至微信群里负责活跃气氛的群成员，都可能被不知疲倦的人工智能体所替代。

其后果是，会多出不少需要寻找新工作的人。据说 2024年有家负责寻找高端人士的人工智能猎头公司倒闭了，因为它的特色是利用人工智能通过大数据来寻找人工智能领域的高端人士。但在这波热潮来了后，被裁员的高端人士根本不需要利

人工智能的边界

用人工智能来寻找工作，只要有新岗位出现，便会有一大堆的高质量人士来应聘。

如果实体行业在人工智能第三次热潮中被持续大幅度压缩，那么就必须有能够消化这部分群体的新行业出现。一个有着无限开放空间的新兴行业是虚拟行业，即元宇宙。

爱因斯坦曾说过："想象力比知识更重要。"人工智能可以创造知识，但无法替代人类的想象力。在元宇宙里，人们可以利用人类独有的丰富想象力和创意，创造新的经济价值。比如在元宇宙里开店，店面可以根据个人的想象来生成，它比必须依赖物理规则来建立的实体店会更具吸引力。而元宇宙里的经济金融模式，也会与实体的有较大的区别，这些都值得我们花时间去探索和开发。

另外，"斜杠"可能是未来人们主要的生活方式之一。一方面是人工智能第三次热潮后，人们获得知识的速度更快、范围更宽，因此具备了多重求职的潜力；另一方面，在人工智能替代能力逐渐变强的情况下，"斜杠"的方式有更强的抗风险能力，正所谓"追不到的梦想，换个梦不就得了"。

至于这两年流行的提示词工程师（prompt engineer），虽然它在绘画、写小说方面已经能让普通人快速上手，而不再需要童子功或相对深厚的文学基础，但提示词本身是为了方便现有的大模型训练学习应运而生的简化策略。所以，现阶段不时会有人发现一些特别能提升大模型性能的提示词。大模型也会自己创造一些提示词来实现自我能力提升。

当大模型对人类语言理解能力进一步增强后，未来可能即使没有以特别适配大模型的提示词输入，大模型也可以通过强大的推理能力，加之多轮交互，来生成与创作者想法更一致的作品。提示词工程师也许会是昙花一现，而文字功底了得的人依然会在人工智能内容生成领域占优势。

但需要注意的是，我们还很少见到人工智能催生出一个全新的行业。这多少与人工智能的原创力相对较弱有关。可是借助人工智能形成的新产业却不鲜见。比如共享单车，它的流行淘汰了不少中低端的单车生产和维护行业，也将普通人对单车的购买转移到那些附加值高的单车上。它同时又孕育出帮助优化共享单车服务的团队。这些团队既有在街头巷尾忙着维护共享单车的，也有从人工智能算法层优化共享单车的摆放位置、数量、充电时间的。而网约车的出现、外卖的流行都与人工智能算法的介入分不开。

随着人工智能对各行业的同质化影响加深，类似这种"AI+新产业"的转化应该会越来越多。

4　人机之争：坚挺的行业

覆巢之下，安有完卵？人工智能既然对全行业出击了，是否所有行业都会被严重挤压呢？也不尽然。还是会有不少行业，尤其是人工智能还找不到好的办法形式化，比如涉及伦理、易产生纠纷的行业等，人类从业者所占的比例仍将大于人工智能，比如一部分服务业、医生、警察等。

以医学为例，人工智能虽然为医疗行业赋能不少，如内窥镜手术的操作离不开图像处理的进步、远程手术离不开遥操作或模仿学习的进步，也有大量人工智能诊断系统的出现，但这些依然无法取代医生的功能。

首先，经验丰富的医生往往能快速且准确地对患者病情进行确诊，并制定有效治疗方案。而人工智能可能需要通过耗时更长的排除法。这好比我国与某些人烟稀少的发达国家在诊疗方式上的差异。我国的多数三甲医院中，门诊人数相当多。以2020 年中国综合医院门急诊量排行榜为例，郑州大学第一附属医院 2019 年一年的门诊急诊量达 776 万人次，排在全国第一。如此大的门诊量，帮助医生形成了类似刷题后能快速找到答案的直觉。有些时候根本不用做大量的检查，医生就能从统计上知道患者的病情，并对症下药。而国外地广人稀，多数医生缺乏练手的机会，常采用排除法来确定患者的病情。人工智能也类似，而且还需要考虑安全性，因此排除法会被优先采用。

第二，不管是医生还是患者，对病情的分析都需要有一定的可解释性，尤其是当出现医疗事故或纠纷时。而目前人工智能比较依赖深度神经网络，预测性能虽然好，但很难从中发现比较明确的可解释性。记得我们实验组曾向某医疗领域相关的国际期刊投过一篇用深度学习做医疗图像处理的文章，结果直接被拒稿。后来听说是该主编不喜欢深度学习这样缺乏可解释性的做法。

近年来，人工智能研究者也在设法增强深度学习的可解释性，但它与医疗需要的可解释性还有不小的距离。即使能接近医生的水平，可能最终还是需要医生来直面医疗中产生的问题。

第三，医生还能起到"安慰剂"的作用。有些人病情并不严重，本来只需要建立信心，通过自身的免疫系统就能恢复，但仍然希望去医院，请医生开出"安慰性"药方后方才心安。而这种安慰，光靠大模型、深度网络等人工智能技术，可能还

难以获得。

除此之外，还有专业性的高门槛。尽管大模型可以给患者一些治疗建议，但要理解专业的医学用语和用药，普通民众大多是没有这个能力的，最终还是需要找医生来解读。

再说说安防相关的行业，也难以被完全替代。因为维护安全，光靠机器人和人工算法是不够的。比如出警速度，人的反应会更快。而与当事双方的沟通也体现了在情感和法理之间的平衡。另外，警力的数量在保障节假日的出行安全，如控制人流密度等方面都至关重要。因此，保有一定数量的警力和安保人员非常重要。

当然，也有人认为，但凡出了事故需要人担责的行业，人工智能都不太好替代。从某种意义来看，它实际上反映了人们对于定责的态度，认为人工智能可能还无法得到认可。但不妨思考下无人车的上路，如果通过公司的大额资金投入研发和提供多重保险保障，有可能不必过于担心无人车引发的交通事故。毕竟，有统计数据表明，无人车的事故率远低于人类驾驶的事故率。这种为人工智能提供保障的方式未来可能会被推广到各行各业。只不过，从哲学角度来看，这种做法可能与传统的伦理观念存在冲突。

从现实角度来看，面向广义上的"服务"行业在较长一段时间内将保持稳定。但如果人工智能被广泛认可为可以承担法律责任的一方，那么相关行业可能会面临被人工智能取代的风险。

人工智能的边界

5 加速的人生：算法宜向善

　　人类社会经历了数次大的时代变迁，从石器时代到农业时代，继而到工业时代，再到信息时代，而现在这个时代则被称为数字文明时代。与前几个时代相比，它对人类社会的影响更大，尤其是第三次人工智能热潮兴起之后。试想，几百亿张由人工智能生成的图画，只需要不到一年的时间就能完成，而纵观我国的历史长河，即使是从四万年前的岩画算起，累计产生的画也达不到这个数量级。毫无疑问，人类社会在数字文明时代被大大加速了。

　　从我们的实际生活来看，有一些加速是显而易见的，有一些却是隐性的。比如，为什么外卖员经常跑着送外卖呢？这背后有着人工智能算法的优化和加速。智能算法最初是根据派送距离和外卖员的位置来派单，并且根据平均派送时间来支付外卖员的配送费，同时估计超时处罚的阈值时间。外卖员为了获得更高的配送费，同时避免因超时被处罚，往往会选择更有利于自己的路线，哪怕这条路线存在潜在违章的风险。如果发现一条更快、更短的路线，那外卖员自然会选择这条新路线。但外卖员走新路线的次数多了，人工智能算法就能从统计数据上确认，认为这条新路线比原来推荐的更为快捷，它便会用这条路线替代原来的。这样一来，外卖员原本可多获得的时间就少了。为了赚得更多，他们就需要寻找其他更有效的路线，或者加快自己的脚步。如此反复，人工智能便会不断发现外卖员探索出来的更有效的路线，导致外卖员跑得越来越快。对于外卖员来说，这是一种加速的人生，有点像卓别林在《摩登时代》中演绎的场景，只不过现在是人工智能版的。

不仅算法在寻找能加速的路线，人类自身也在利用智能平台加快自己的获利速度。记得有次我乘坐出租车，年轻的司机在中控上面挂了五部手机。问其原因，他说每部手机管一个叫车服务的平台。我一听就明白了，他在并行操作以获取更高的抢单率。试想一个不会用智能叫车服务平台的，或一个只知道用一台手机抢单的司机，很难比这位年轻司机有更高的时间利用率，也自然难以赚得比他更多的钱。但如果司机们都认识到这个事实，那大家都会并行抢单。这也就意味着原本相对单一悠闲的出租车运营模式，已经在人工智能平台的驱动下飞速运转。由此看来，似乎可以这么断言："在许多人工智能介入的工作岗位上，不懂人工智能的人，很有可能会被那些懂人工智能的人淘汰掉。"

人工智能算法极大地提高了人类日常生活的效率，以线上购买商品为例。举例来说，我父母自从学会线上购物和退货后，就很少去菜市场、超市买东西了，因为他们发现线上购物相当省时省事，也避免了因商品质量不好而与人争论的麻烦。其中少不了人工智能对线上购物平台的优化。不仅如此，通过分析用户的购买行为，购物平台也能更有效地将用户想买的商品销售出去。这在无形中缩短了商品的交易时间。

如果再仔细想想，我相信还能发现更多人工智能加速人类生活的例子。但反过来想，我们到底是愿意被加速呢，还是不得不被动地接受这种加速，还是更怀念从前相对缓慢的生活方式呢？就像《从前慢》那首歌里唱的一样，"从前的日色变得慢，车、马、邮件都慢"。

值得注意的是，2024 年 11 月 12 日，我国发布了《关于开展"清朗·网络平台算法典型问题治理"专项行动的通知》。该通知的主题是"算法向善"，这或许能促使平台用更为公平、善意的方法来控制算法的运行，让加速的人生稍微缓一点。

实际上，有些平台的算法是带有一定善意的。比如网约车，会在签约的司机准备回家时，尽量推荐与回家路线一致的订单。然而，目前这样的算法向善还是比较少，需要大力加强。比如，对于外卖员来说，也许可以通过算法向善，来帮助他们不必以所谓的"最优"方式来接送单，也就能减少他们违反交通规则的情况，降低不必要的人员伤亡。如某些平台已经开始增加送达外卖的富余时间。再比如出版业。现在的平台对书的销售推流通常参考其在平台销售的平均价格，但由于一些盗版书常以极低价销售，结果使得正规出版社销售的正版书反而因为价格较高而被算法自动下架。这也许能通过给正版销售渠道更多的善意、更高的推荐优先级来解决。类似地，广告推荐也不应该完全以竞价排名为导向，还应该看商家的资质、信誉度等因素。

如果算法能够更多地向上向善，人类就不至于过度焦虑，会向和谐社会迈出更智能的一大步。

人工智能的边界

6 人机混合："人工＋智能"还是"人工智能＋"

2025 年，某日我出门时，发现十字路口的交警和辅警人数似乎多了些。我不禁有些诧异，近十年来，人工智能最成功和最有效的落地成果之一不就是安防和交通相关应用吗？而十字路口往往都是视频监控最密集的地方。既然如此，为什么还需要在路口增派警力呢？难道他们也需要"加速"吗？

除了定期上街执勤巡视的需要外，一个深层次的原因是，人工智能并不能百分之百地解决所有问题。在更极端的情况下，人工智能的尽头可能还是人工。

何出此言呢？其中一个原因是人工智能算法的评价准则。这里要谈论两个重要指标：漏检率和误报率。第一个指标漏检率是指本应被发现却未被算法发现的问题，俗称假阴性。

以交通违章为例，假阴性意味着并非所有违章现象都能被有效发现。在监控探头日益普及的今天，多数违章行为都已经能通过人工智能算法被检测到。如早期研发的闯红灯、高速公路超速、占用高速应急车道等违章行为的识别，中期研发的基于云台监控摄像机的三分钟路边违停、车牌遮挡等行为识别，和近年来的实线变道、市内禁鸣区域鸣笛等行为识别。然而，随着驾驶员交通安全意识的提高，这些易于监控的违章现象正变得越来越少。可以推测，在未来针对这类违章的监控可能较难被触发，甚至形同虚设。那么，交管部门和相关研发的公司就必须深挖监控的潜力，将监控重心推向识别更为复杂的交通违章行为。比如恶劣天气或低照度情况下的低分辨率车牌识别、非机动车的违章行为等。然而，这些复杂的交通违章并不见得能通过人工智能算法获得很低的漏检率。

尽管目前这一块的智能监控已经开始试点，但当非机动车没有车牌、驾驶者戴着口罩时，再加上非机动车的车身偏小偏矮，相互间的遮挡也更多，而交通违章摄像头往往是针对机动车的，安装角度偏高，诸如此类的复杂因素导致算法很难自动给出确定的结论。此时，就只能依赖人工现场截停来进行相应的处理或处罚。

而第二个指标，误报率则是指不应被检测出来却被错误辨识成真的"假问题"，俗称假阳性。

仍以交通违章为例，假阳性高意味着会报出过多的虚假违章现象。例如在高速公路上，一辆车被检测出超速了，但实际上该车并未出现在该路段，结果车主收到了一张不属于自己的罚单。再比如，将公共汽车车身上的广告人物错判成违章的行

人工智能的边界

人。这些都是假阳性高的表现。假阳性高，往往会导致后期人工介入工作量的增加。

除交通违章外，漏检率和误报率引发的问题在很多领域的应用中都可以见到。如在医疗方面，如果传染性极强的病毒被漏检，有可能会造成不必要的病毒传播；而健康人被误诊为癌症，会导致人的心理状态失衡，继而影响其健康状况。在短视频检查上，疑似漏检的违规短视频必须通过人工审查来杜绝其传播后造成的危害；被误报的短视频也需要通过人工来决定是否可以放行。

我也被假阳性问题困扰过。我上班喜欢早到，以前早到后，会把车停在单位地下车库，再乘电梯来到办公室。可是有几次，我上了电梯后，电梯门莫名其妙地开了又关，关了又开。电梯里只有我一个人，而且是在地下一层。这让我觉得毛骨悚然。从此，我但凡早到单位，都会把车停在地面上，因为电梯的"假阳性"检测给我留下了心理阴影。

近年来，大量人工智能技术开始落地应用，表明相关应用的误报率和漏检率问题已经有了显著的改善。但需要指出的是，一旦那些容易实现的应用都完成落地或产品化了，剩下的可能都是难啃的硬骨头。在这些潜在应用里，依赖现有的人工智能技术，误报率和漏检率两个指标可能很难得到明显的改善。这也就意味着，人工处理仍然会是这些应用需要依赖的主要手段。

事实上，漏检率和误报率这两个简单的指标，只是影响人工智能能否全面替代人工，以及导致人工智能最终需要依赖甚至让位于人工的一个小因素。

其原因在于，这两个指标主要与预测任务的性能相关。而人类智能除了预测任务外，还包括可解释性和其他与预测无密切关联的智能活动。例如，学生们刷题后形成的对新题的快速判断能力，那是可以不经过常规解题思路直接找到答案的快速途径。从某种意义上来说，这是摆脱了原有学习模型后形成的一种"跳跃"连接，或者称为直觉。这种直觉可能还无法通过数学建模方式来表示，仍然需要靠人自身的持续学习来获得。情感也是如此，尽管我们在构建人工智能算法中可以机械性地将情感分类并进行预测，然而这样获得的情感只能让机器人更为机械化，却无法向共情迈出质变的一步。

人工智能的边界

即使是在预测方面，我们也受限于对自然界的理解，而不能对人工智能技术抱有过高的期望。如气象预报中对局部地区的降雨预测会因为对大尺度台风的数据收集不完全而出现失误。这种局限性不仅存在于空间尺度上，也存在于时间尺度上。例如，气候的变化有可能是以几十年为周期的，那么单靠十来年的数据进行气候意义上的分析显然是不准确的。事实上，我们在一些应用中还面临着数据稀少的问题。如在对局地冰雹的预测时，会因为数据极其稀少，且在雷达回波特征上无法与大降雨云层区分开，常常导致判断失效。

我们也不能过分相信机器的预测能力。在自动控制方面，过分相信机器的判断可能会导致极其危险的后果。如2019年3月埃塞俄比亚航空公司的波音737 MAX8的坠毁，就是过分相信机器的自动驾驶，以至于驾驶员后来无法接管飞机而引发的悲剧。

人工智能还有很多短板，我就不一一枚举。在这里，我更想表达的是，目前人工智能技术的落地应用主要是在那些预测能力能达到应用级的场景上，我们算是在享用这些应用带来的红利。

一旦人工智能在应用层的红利消失，剩下的可能就得靠人力。那么，问题来了：人工智能的红利在各种相关的应用上还能持续多久？人工智能的尽头会是人工吗？还是必然会走向人机混合呢？

7 脑机接口：人机混合，增强智能

如果未来是走向人机混合增强，即混合增强智能，按目前学界的说法，人机混合有两种形式。一种是"人在回路"，这种形态需要人与机器之间进行控制权的交替。这在自动驾驶领域比较常见，因为人和机器都无法做到完美。因此，人工智能系统需要实时分析道路情况、驾驶员以及自动驾驶的工况等因素，来确定人和机器谁更适合当下的驾驶，并完成人机控制权的交换。

而另一种人机混合的形式则是脑机接口，即通过探测大脑的活动来实现智能增强。早期的脑机接口技术，有一种是在头上佩戴一个 EEG（electroencephalogram，常称脑电图）帽。该帽子能通过电极，从测试者的头皮上将脑部的自发性生物电位加以放大记录，从而能够分析脑细胞群的自发性或节律性电活动。在分析这些电活动后，可以形成指令并用放大的信号来控制设备，比如驱动轮椅、控制汽车、操作电脑、让机械臂按意志执行简单的日常生活工作等。

但 EEG 技术不一定能非常准确地分析和反映人脑的活动。记得我的孩子有一次在外面玩一个靠意念控制乒乓球的游戏。她和对手各抓一个感应棒，头戴感应帽，想象球能移动到对方的位置，如果球超过中间线移到对方一边并持续四五秒钟后，便算赢。结果，我的孩子赢了对面的大朋友。问其技巧，她回答："无他，用力抓棒即可。"从此我便知道这个脑电波检测并不是太可靠，它受外界因素的影响太大。虽然时间过去快十年了，但想通过 EEG 来精确发现人的大脑活动，并形成精准的控制动作仍然有难度。毕竟它是一种整体脑电信号的捕捉，而人类的活动有更精细的神经元触发机制，要将这种机制通过一个外挂式的设备来精准刻画，本身就漏了非常多的信息，也不一定合理。

另一种脑机接口技术则是将电极插入到大脑特定位置。比如在人工智能领域，神经网络的起源可以追溯到托斯坦·威塞尔和大卫·休伯尔对猫的实验观察。1965 年，他们在猫的外侧膝状体中插入电极，观察猫对光条刺激的反应与电极获得神经响应之间的关系。结果发现该处的神经元具有方向敏感性。他们也因此获得了 1981 年的诺贝尔生理学或医学奖。而这一发现，也成为人工智能领域提出的认知机、新认知机、卷积神经网络的基础。然而，单个电极能探测的范围毕竟有限，也很难形成对整体认知的判断。

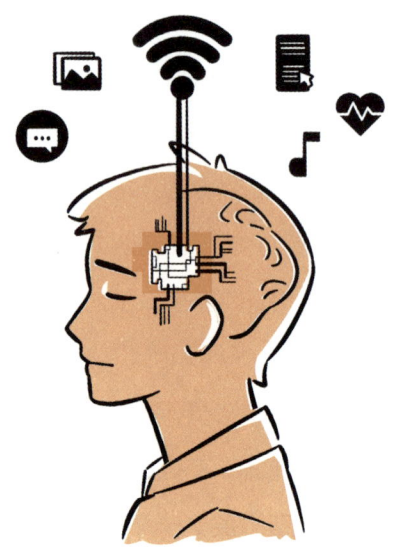

　　还有一种新型脑机接口技术则是像埃隆·马斯克所提倡的，在大脑中植入计算机芯片，形成真正意义上的脑机接口。该技术需要切除一小块头骨，在相同位置安装 25 美分硬币大小的芯片，并通过无线方式与计算机通信。据报道，2024 年 8 月 2 日，马斯克创立的脑机接口公司 Neuralink 已经成功将第二枚脑机接口芯片植入一名患者体内。

　　这种方式也许能部分存储和记忆人类的神经活动，也能代替大脑的部分活动来驱动人类执行一些特定的任务。它对于残障人士而言，是一个福音。现阶段我们确实看到了一些残障人士能通过意念控制鼠标、指挥机械臂帮助其喝水和写文章，甚至与他人进行语言交流。如果通过脑机芯片收集微弱的脑信号，并转成提示词，再由大语言模型将其完善成语句，可以形成更为全面、流畅的沟通方式。需要注意的是，从提示词到语言表达的过程是由大模型来实现的，如前所述，语言的表达可以有千万种，从中选出的表达是否代表了残障人士的真实想法，还需要进一步验证。

而对于正常人来说，这种植入是否可行也有待商榷。毕竟大脑不像其他部分，它是不能替换的，一旦出现问题，哪怕是小小的扰动，都有可能引发大的风险。不仅如此，目前对大脑的研究仍然滞后于人工智能的研究。比如预测性能方面，依赖大数据、强算力和大模型，深度网络和生成式人工智能已经能达到实用级的水平。由于伦理问题、探测设备问题以及神经生理学、解剖学的问题，人类大脑的研究一直没有太多突飞猛进的成果。加上大脑的组织之间有很强的代偿性，比如视觉中枢受损后，可以用听觉中枢的神经元组织完成类似的功能。这让大脑的探测和研究变得异常困难。所以，现阶段将重心从深度网络转到类脑计算，并不见得能产生比深度网络更好的性能和回报。

尽管如此，大脑的能力和潜能仍然是值得探索的，毕竟我们人类在能量消耗方面，远低于人工智能采用大模型后的耗能。

8　具身智能：实体形态的人工智能

　　智能的产生机制是什么？以人类为例，传统观点一般认为智能源于大脑，但近年来也有一些新的认识逐渐形成。比如医学界发现肠道菌群可能扮演了"第二大脑"的角色。它们的健康状况、活跃情况会直接影响人类情绪的表达。一些科学家正在研究如何从健康人的粪便里提取有效成分，并将其制成口服药物，来帮助抑郁症患者缓解情绪问题。

　　早在这一发现之前，还有不少科学家认为智能的表现不只局限于大脑，身体也是智能表达的重要组成部分，即具身智能（Embodied Intelligence）。更准确的说法是，具身智能是智能体通过与物理世界的交互，利用感知、控制、自主学习等来获取知识，形成智能，并进一步影响物理世界。需要注意的是，随着元宇宙概念的提出，有不少学者认为虚拟世界里的具身智能也有重要的应用价值。

　　这一概念也好理解，不妨回忆一下人的成长过程。人从出生时不能动弹，到学会抬头、坐起、走路，经历了从熟悉自己的肢体到学习与其和谐相处的漫长过程，最终实现脑躯一体、适应周边环境的状态。意念一起，手脚便能随心而动。

长大后学开车的经历也是如此。最初我们对汽车的长宽比没有太多的概念，但驾驶一段时间后，对驾驶汽车的宽度就比较清楚，即使不看后视镜也能很好地控制车辆的行驶，避免潜在的刮蹭。这从某种意义上来说，就是人车一体了。汽车代替了人的身体，被大脑有效地控制。

具身智能正是基于这一思想发展起来的。早在 1956 年第一次人工智能热潮兴起时，就已经有人提出相关的想法。1966 年到 1972 年间，美国斯坦福国际研究所研制出第一个实体移动机器人 SHAKEY。该机器人可以实现自主感知、对环境建模、规划行为并执行将木箱推到指定位置的简单任务。只是当时的软硬件条件有限，如庞大的计算机和缓慢的通信速度，其性能实在是不尽如人意，即便是一个相当简单的任务也需要数小时才有可能执行好。

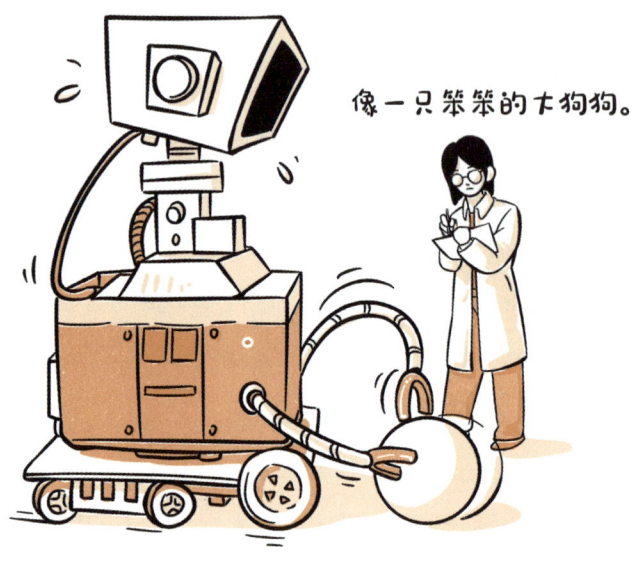

像一只笨笨的大狗狗。

　　2001 年，密歇根州立大学的翁巨扬教授也曾经在《科学》杂志上提出过自主发育的机器人的概念，并设计了相应的机器人。该轮式机器人最初没有任何关于外界环境的知识，但当人推着这台机器人反复在户外或走廊行走一段时间后，机器人逐渐学会了自动沿这些走过的路径行走，甚至对陌生的路线也会有一定的学习能力。它的特点在于，无需给机器人输入有标签的数据，而是纯粹通过人的推行来帮助机器人学习。但当时用的模型和算力都不如现在强大，加之现实环境是复杂多变的，该项目最终没有开发出一个真正如人一般聪明的机器人。

　　具身智能的难点在于，机械臂、机器人本体与自然界中进化而来的人有着极大的差异。比如人身上的传感器异常丰富，可以帮助人感知极为细微的环境变化。人的大脑控制能力也极强。人闭上眼睛后可以将左右手的手指对齐。人的躯体还会经历逐渐生长的过程，特别是从婴儿到 3 岁这一阶段的变化尤为明显。

相比之下，机器人主要以类人的形态存在，常被称为"人形"机器人。但实际也可以有机器猫、机器狗、轮式机器人甚至机械臂的形态。依赖于不同的机器实体，智能算法也会有相应的调整。但不管哪种形态，它们被统称为机器人。控制机器人的算法可分为两部分：一部分是让其动起来，另一部分是让其具备智能。

对于现有的机器人而言，智能通常意味着具有会看、会听、会走、会交流和会理解的能力。但要让机器人具有自我思考的能力，有自我意识，则有些超出目前人工智能技术的能力范围。会看会走，主要依赖于视觉，同时也会使用多个辅助传感器（如红外、超声、激光雷达等）。在感知好周围环境后，算法会发出指令，驱动机器人执行相应的行动。会听会交流则需要理解对话人的意思，目前已有公司将大模型嵌入到机器人软件中，使得其能更方便地理解与之对话的人的意图和情绪，根据语境进行更为人性化的交流。除了被动的理解外，还有主动的动作，如机械臂的抓取。这一动作的模仿学习可以采用示教方式，即直接模仿人类的操作方式（包括直接牵引机械臂执行动作、依赖摄像头学习、利用遥控器学习等方式），通过强化学习快速获得人类的抓取技能，比如倒水、叠衣服等。在学习到一定程度后，机械臂就能像人一样完成该工作。

但与人类相比，由于手部传感器的数量相对较少，所以在细腻操作上，尤其是被抓取物是相对柔软的材质时，机器人的抓取动作就执行得不是太好。但在有精确定位的情况下，机器人的表现会很稳定，比如达·芬奇机器人可以在玉米粒的表皮执行缝合操作，这种操作即使是有经验的外科医生，也不一定能保证百分之百的成功率。

总的来看，现有具身智能在自由度的维度和传感器的丰富程度上还不如人类灵活，且目前也未见有能自我生长的机器人出现。

考虑到机器人的现实水平，可以推测在未来的一段时间里，机器人会扮演与人类互补或互助的角色，而虚拟的数字人也会具备与机器人类似的功能表达。但要形成像人一样的具身智能，人工智能还有很长的路要走。不过，如果它真能找到某种途径获得真正的自我意识，或者演化到人机难以区分的阶段，那人类就有可能要面临文明的终结或转型了。

9 信息茧房与伊丽莎效应：人工智能新闻，傻傻分不清楚

显而易见，人工智能正在快速发展，不论是软件还是实体形态，都有长足的进步。它帮助提升了人们的生活质量，对各行各业的影响也不小。但如果过分依赖人工智能，人类很有可能会陷入人工智能形成的信息茧房之中。

说起信息茧房，不能不提第一波人工智能热潮时做的聊天机器人伊莉莎 Eliza。1966 年，人工智能专家维森鲍姆设计了世界上第一款"聊天机器人"程序，并以大文豪萧伯纳的 1913 年戏剧《皮格马利翁》中的虚拟角色将该程序命名为 Eliza。这个名字也是 1964 年由《皮格马利翁》改编的好莱坞电影《窈窕淑女》中女主角的名字。

这一程序原本是想通过模仿心理医生与病人一问一答的对话形式，来解决一些人的心理问题。虽然程序设计简单，但在当时，也让人产生了一种机器能够听到和理解聊天者内心的错觉。一个典型代表是维森鲍姆的助手，她也特别迷恋于与

Eliza 对话，甚至经常要求在聊天时让维森鲍姆先离开，以便能与它进行更为私密的交流。

这让维森鲍姆感到震惊的同时，也让他开始思考人工智能的"智能"问题。他认为，当测试者不具备足够的知识和能力来评估人工智能模型的性能时，其判断就不会准确，甚至有可能会不知不觉被带入到人工智能所限定的环境里去。这一现象后来被称为"伊莉莎效应"。

这一效应至今仍在产生影响。2022 年，当谷歌推出 LaMDA 模型时，工程师 Blake Lemoine 就认为该大模型具备了感知能力和自我意识，因此在测试该模型时应当先征求它的同意。他也希望能带薪休假，以调整自己的心理状态。不过，他随后不久就被解雇，因为谷歌认为其违反了公司的保密协议。但从另一角度来看，他也可能陷入了伊莉莎效应，才对 LaMDA 产生了不准确、不真实的判断。

这一结果的原因，是现今人工智能大模型在知识的广度和深度以及推理能力方面都有了极大的提升。它不仅能在对话场景中让人更容易陷入伊丽莎效应，在其他方面也会不知不觉地构建出人工智能的信息茧房。

举例来说，我们每天看到的新闻、刷到的短视频，甚至在在线购物网站看到的商品，大多是根据每个人的阅读习惯和购物行为，通过人工智能算法精准制定后再进行推荐的。比如，一个人如果喜欢看军事类的节目，那么人工智能算法便会推荐

近年来国际上的战事、武器装备介绍等相关内容。甚至即使不看节目，只要在智能手机边说过某些话题，手机里 APP 嵌入的人工智能算法也会自动推荐相关的新闻或购物信息。只是有的时候，这种推荐有点"智障"。比如刚买过的商品，很显然近期内不会再次购买，但算法仍然会继续推荐相关商品。如果人们习惯了人工智能的推荐，表面上看，每天似乎都有新知识的摄入。实际上，一旦没有学会主动跳出舒适圈，知识的更新就可能逐渐固化到有限的范围，导致人在看问题时陷入"一叶障目"的境地。

值得注意的是，如果完全相信人工智能做出的判断，有可能会导致未知的风险。因为生成式人工智能产生的信息量已经远大于人类所能处理的范围，所以我们未来接触到的信息很大概率会主要来自生成式人工智能。但是，它生成的内容，有可能是正确的，也有可能只是部分正确，甚至完全不正确。这种情况导致我们看到的新闻很多并非真实发生的，而是人工智能捏造的。这些"人工智能"新闻一方面让我们难辨真假，另一方面又可能会诱导我们形成错误的决策。比如现在看自媒体发布的新闻内容，尤其是关于国与国之间的战事进展，就有可能是自媒体根据自己的倾向让人工智能"凭空想象"出来的。如果没有进行一定的管制，这种信息茧房造成的潜在危险，很难预料其会捅出多大的娄子。

为避免信息茧房带来的不良影响，我们应该坚持自我学习，提升判断人工智能生成内容的可靠性的能力。这样，才不至于被人工智能忽悠或陷入其中不能自拔。

人工智能的边界

10 人机之争：智斗人工智能

　　既然人工智能能生成海量的内容，并融入各行各业的应用中，几乎无处不在。那么，人工智能是不是万能的呢？从不少人的言谈中和媒体的报道中可以看出，似乎有这种可能性，同时也伴随着对人工智能将超越人类的恐慌。然而事实上，人工智能的发展还存在不少短板。记得有个木桶理论，说的是一个木桶能装多少水，并不取决于木桶有多高，而是取决于组成木桶最短的那块木板的高度。这个理论用在人工智能上似乎也颇为贴切：人工智能里面那块最短的木板会不会等同于智障呢？

　　不妨来看两个例子。国外有人曾经用小推车拖着一车的手机，沿某条街道来回行走。没多久，某导航软件便显示该街道有严重拥堵。其原因是导航软件只检测手机上导航的定位信息，却不会辨识手机是否真的放在车上用于导航。当软件监测到有一堆靠手机导航的"车"都长时间停滞在该条街道上时，自然就会在导航地图上将这空无一人的街道标记成红色，表示严重拥堵。

再来看看大语言模型出来后的例子，比如"祖母漏洞"（Grandma exploit）。在与大模型聊天时，有人假扮成小孩，让大模型扮演他的祖母。然后他跟大模型说，他小时候都是听祖母念着 Windows 的注册码入睡的，于是大模型"动了感情"，就真的把几组注册码念出来了。如果用直截了当的方式问，大模型肯定会拒绝，并会明确告知用户这涉及安全风险。

这两个例子表明，人工智能并不能真正理解人类的真实意图。它总是按其设定的环境、规则来假设人类的行为，但人类很有可能跳出这个框架。虽然"祖母漏洞"已经补上，但毫无疑问的是，人工智能模型还存在不少类似的漏洞，因为人类的

想象力所产生的组合爆炸，是无法通过逐条修改规则来完全杜绝的。

另外，人类也可以误导人工智能，让它产生错误的判断。比如对于"how old are you"的中文翻译，机器会翻译成"怎么老是你"，而这是不正确的。其原因是大量的网民在网络上就用"怎么老是你"来硬翻"How old are you"。久而久之，人工智能误以为这也是对的，殊不知这种翻译已经变成了人们的笑梗。再比如用带联想功能的拼音模式打字，往往会把统计上词频高的置前，但如果使用者都习惯性地用网上流行、实际错误的词组来替代正确的词组，就可能让错误的词组反而排在前面，比如让"人工知能"错排在"人工智能"的前面。

根据这两个例子，我们不难推断，一个人的力量在人工智能面前虽然弱小，但如果集体给人工智能一些错误的引导，比如对图像的标签进行错标，在所谓的基于人类反馈的强化学习机制下，对大模型回答的错误结果不予纠正，反而给予表扬，那么人工智能就必然会形成更多错误的判断，将一本正经地胡说八道进行到底。只是这种错误诱导，有可能导致互联网信息的大面积污染，以至于未来人们无法从大模型或网络上获得真实可信的信息或知识。

我们也可以避免让人工智能全方位了解我们的人生，因为个人的数据可以选择性上传到人工智能能够探索到的空间的。比如个人的健康数据，如体重、心率等。如果是智能家居，相关数据都有可能通过佩戴的手表、称重的体重计等来自动收集，甚至开关灯的时间都能让智能设备了解人的睡眠情况。

但当人类有意识地不接触这类数据采集设备，如在体重变胖的时候不去用体重计看体重，则人工智能就缺乏帮助预测健康状态的完整数据链。我就是这样，只在身材变好的时候才去称，这样健康秤会一个劲地"表扬"我。

误导的方式还可以通过"伪装"来完成。比如看短视频、浏览网上各种信息时，我们只刷大家都喜闻乐见的新闻或帅哥美女照片，而不泄露自己真正想了解的内容，如重要的、尚在探索的研究方向及准备撰写书的思路等。或者在人工智能可能观察到的地方，无论是线上还是线下，都像战国兵法家孙膑被困在牢狱时一样"装疯卖傻"。通过这样的操作，自己的真实意图就有可能对人工智能隐藏起来。另外，我们还可以把自己的身份隐藏起来，不让算法轻松学习出自己的行为喜好，从而避免基于身份或人脸画像的推荐或"杀熟"。比如把自己的身份 ID 改成网络上比较流行的"momo"，并配上通用的粉色小恐龙头像。

除此以外，人工智能还有不少意想不到的漏洞，有些漏洞时刻提醒我们不要滥用人工智能，有些则提醒我们它可能会犯错。比如有人曾在交通标志停止牌"Stop"上加黑白条块，结果人工智能模型将停止牌误识别成了"限速 45 千米 / 时"。试想，如果某一天的士司机和网约车司机都被无人车取代，而无人车又碰到这种被有意涂改的"Stop"标志，那是否会引发潜在的交通事故风险呢？科学家们还在研究一种带有彩色条纹的眼镜，戴上它会让人工智能将男性错识成女性。

也有防止被人工智能算法跟踪和检测的研究，如有研究发现，穿上彩色条纹 T 恤之后人工智能就无法发现人的存在。据报道，欧洲市场上甚至还有防人脸识别的面具在出售。

当然，要抵抗人工智能的侵袭或统治，最有效的办法应该是寻找它的底层漏洞，如在代码里植入木马，比如融入包含阿西莫夫的机器人三定律：第一，机器人不得伤害人类个体；第二，机器人必须服从人类给予的命令，除非这些命令与第一定律发生冲突；第三，机器人在保护自身存在时，则要求这种保护不能与第一定律或第二定律相冲突。

通过这些控制或限定措施，人类就可能在智斗人工智能中，占据上风，确保人类不会被人工智能彻底取代。

11 思维链 vs 人脑潜能开发：巅峰对决

人工智能有其独特的学习模式，这让其在智能表现上有了好的性能。但人类与它相比，是不是也存在人工智能还没学会却又十分有用的"超能力"呢?

思维链与提示词优化 OPRO

自 2023 年初正式推出 ChatGPT 后，大语言模型受到了前所未有的重视，但其关键技术的提升在 2022 年就能看到一些迹象，尤其是模仿人的思维链的设计方案。

2022 年，谷歌大脑发现可以通过设计一些提示词，而无需采用复杂优化技术，就能帮助提升大语言模型的性能。该模型模仿了人的思维方式，在取得答案前会有一系列的中间推理过程，比如回答一个数学问题，采用思维链后会先从起始条件开始，一步一步引入随后的计算步骤，最后再给出答案。通过这一方式，将"输入、思维链、输出"完整流程一并展示给大语言模型后，即使在少样本学习（Few-shot learning）的情况下，模型性能也获得了不错的提升。不久后，东京大学和谷歌大脑合作研究发现，人为设计的提示词如"Let's think step by step"（让我们逐步思考）、"Let's think about this logically"（让我们合乎逻辑地思考）也能提升模型性能。这种做法在零样本学习（Zero-shot learning）中也展示了好的性能表现。通过组合"Take a deep breath"（做个深呼吸）等提示词，性能还能进一步提升。考虑到这只是人为设计的提示器，2023 年 Deepmind 团队又创造性地提出用大语言模型来做优化器，通过大模型自行设计的提示词，并在一个大的测试数据集（Big-Bench Hard）上测试，结果显示，大模型设计的提示词比人类设计的提示词提升了近 50% 的性能。比如，其设计的最优提示词为"Let's work this out in a step by step way to be sure we have the right answer"（让我们通过逐步的工作来确保有正确答案）。在每次优化中，提出的 OPRO（Optimization by prompting，通过提示词优化）方法都会把之前生成的解决方案和评分作为输入，再由大模型基于这些输入生成新方案并对其进行评分。如果新方案的性能较于之前有所提升，就会将其纳入新的提示词中，如此通过递归式的优化过程，不断将性能提升的要素融入提示词之中。不过，值得注意的是，这些由大模型自行设计的提示词，并非在所有数据集上都能稳定地优于人类设计的提示词，其表现存在波动性。但不可否认，目前大语言模型似乎把模仿人类的中间推理过程当成了一件非常有用的法宝。

除此之外，大模型在记忆方面也将人类远远抛在后面，如OpenAI 在 2023 年 11 月推出 GPT-4 Turbo，其对互联网的记忆刷新到了 2023 年 4 月。显然，在纯粹的记忆能力方面，人类已经无法与人工智能抗衡了，尤其是死记硬背的能力。如果让人工智能开卷参加高考，以其记忆能力可以把所有与死记硬背相关的知识点的分数拿到。即使是作文题，凭借其跨媒体的搜索和记忆能力，以及善于旁征博引——这种在高考中易获取高分的能力，大模型也有可能拿到满分。

与之相比，人类还有哪些方面、哪些潜能是人工智能目前没有的呢？以我的了解，人类在推理和记忆方面还是有一些不同于常规思维链的独到之处，这些是值得挖潜的空间。接下来，我将从开发大脑潜力的角度聊一聊。

人工智能的边界

超强大脑

2019 年 11 月 26 日 18 点 30 分，复旦大学生命科学学院于玉国教授曾组织了一场"最强大脑——探讨人脑潜能开发"的报告会。能容纳 300 人的教室座无虚席，教室后面也站满了听众。

第一个出场的是帅气阳光的《最强大脑》节目中国队队长王峰。他在讲台上口齿清晰、思维敏捷，且不乏幽默地分享了他对记忆能力开发的一些体会和经验。首先，他从仰卧起坐、俯卧撑甚至背圆周率的纪录讲起，让大家体会到了人的潜力是无极限的，不仅仅是体能无极限，记忆力也是如此，而且也不受年龄的限制，比如圆周率可记 10 万位的纪录是由一位 60 岁的老人创造的。

然而，他又强调潜能的最佳开发时间是从小开始。他举了波尔加三姐妹的例子，曾纵横国际象棋界几十年的三姐妹的成功与她们的父亲——匈牙利心理学家拉斯洛·波尔加在 1960 年进行的一项潜能开发实验密不可分。因为父亲一心想证明天赋是可以培养的，于是便直截了当地跟波尔加姐妹的妈妈在谈恋爱时就明确了未来希望生 6 个女孩的想法，原因在于他觉得女孩在当时的环境中被普遍认为是天赋相对要弱一些的，对女孩进行培养更能展现他的观点是正确的。而波尔加姐妹的妈妈居然当场就同意了。虽然拉斯洛夫妇并不是国际象棋专家，但三个女儿最终都成了国际象棋世界大师。大女儿苏珊 10 岁成为国家大师，是国际象棋历史上第八位女子世界冠军。二女儿索菲亚 9 岁就获得了 14 岁组男子世界冠军。小女儿朱迪特 15 岁就成为国际象棋世界冠军对抗赛的首位女棋手，且连续 26 年蝉联世界女子国际象棋冠军。

王峰也指出，在发现三姐妹的能力过程中，看似无意、实则有意的引导很重要，比如三姐妹中的大女儿回忆，最开始她是从衣柜里发现了一副围棋，然后父亲开始教授她们基本规则。又比如老虎伍兹 6 个月大时，他父亲就把他带到高尔夫球场看自己打球，并在 10 个月时让伍兹挥出了人生第一棒。

而后，王峰也分享了自己和德国记忆之王西蒙在《最强大脑》节目中进行扑克牌记忆对决时的心理过程。他指出，当时他已经离开世界记忆大赛 3 年了，他拿冠军时的纪录是 24 秒，而西蒙 3 年后的纪录已经到了 17.6 秒。在只有两个月备战时间的情况下，王峰给自己定了一个小目标，就是比 24 秒的自己快一点，而不是直接挑战 17 秒，因为他认为过大的压力可能会导致目标无法实现。在这样的规划下，他通过 1 个月的练习，达到了 20 秒记忆的成绩。而在正式比赛中，他对自己的要求"宽松"了一点，只要比 24 秒快一点即可。相比之下，西蒙在比赛中一心想着要为德国队挽回面子，在强烈的求胜欲驱使下，心理压力反而变大，导致他在关键时刻发挥失常，最终输掉了这场比赛。

人工智能的边界

开发大脑潜能

关于大脑潜能的开发，王峰分享了他的 4 个小窍门。一是应该排除干扰，绝对地集中注意力有助于提高记忆，比如他为准备记忆比赛前选择与世隔绝；二是需要制定一个个小目标，并且每天都是以小目标来循序渐进地突破自我，不达目标绝不休息；三是可以通过联想来加强记忆。因为人在记忆时只有两种要记的：好记的和不好记的。好记的是因为它是熟悉的、经常用的以及与自己已有知识密切相关的，而不好记的则是远离这三种情况的内容。因此，要将不好记忆的转为好记的，最有效的策略就是对它们进行编码，将其转化成自己熟悉的形式。四是在准备比赛时，最好能多留些余量。因为考试和比赛总会有紧张的时候，余量留得多一些才能保证正常发挥。他也指出，多数记忆大师拿冠军的年龄段是在 18~30 岁之间，所以，这个阶段也是提高记忆力的最佳时间段之一。

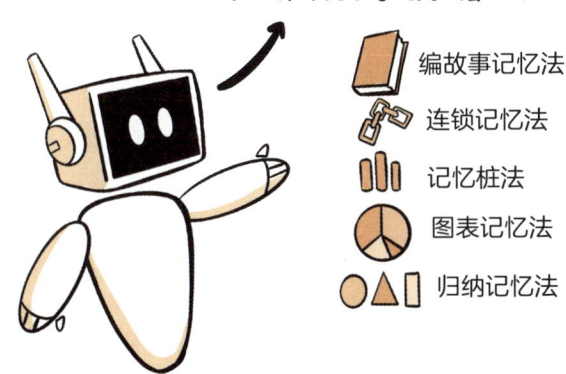

可以用好的方法加强记忆！

编故事记忆法

连锁记忆法

记忆桩法

图表记忆法

归纳记忆法

复旦大学生命科学学院的俞洪波教授也上台分享了他的观点。他认为,人类大脑的结构设计极为精巧,每一块脑区都有独特的价值和作用。如果过度强化某个区域,有可能会导致其他功能的损失。他从神经元的记忆模式出发,为强化记忆提供了一些神经生理学的解释,比如在记忆通路中,当两个神经元之间开始传递信号时,会在负责记忆的神经元上形成一个响应。但如果给予一个连续且快速的强直电刺激,则会在负责记忆的神经元上形成 3 倍以上的强响应。这似乎解释了集中注意力的学习是更合理的记忆方式。

另外,俞教授认为这种持续的刺激不适宜连续不断地进行,因为记忆神经元难以长期保持兴奋状态,最合理的方式是强刺激与放松交替进行,这种方式有助于提高学习效率,因为适当的放松可以为大脑提供恢复和巩固记忆的机会。

不仅如此,他还指出,尽管对记忆神经元的刺激需要达到一定的阈值才有可能形成有效学习,但我们可以通过一些方法缩小达到这个阈值的距离。比如他发现在运动场跑圈能提高神经元的兴奋性水平,同时也有助于降低学习的阈值。

俞教授在谈到人的可塑性问题时,特别指出大脑皮层的很多部分如前额叶皮质在大学生这个阶段仍具有很强的可塑性,这也是为什么人类要把高等教育的阶段设定在 18~30 岁之间。他强调,要成为一个行业的顶级高手,除了努力,最后拼的那点天赋至关重要。

无独有偶，2023 年我在重庆和知名博主"弦论世界"周思益做共创视频时，她也分享了一点她在记忆方面的小窍门——记忆迷宫。比如要记一组复杂的数字，可以先在脑海中想象一间房，然后把房间的物件与数字进行对应。如开门的动作记成 1，桌子记成 2，墙上的画记成 3，依此类推，再将这组复杂的数字转换为在房间里行走的路线和观察的物件，反复在脑中"走"几遍后，便能快速地记下这组数字了。

　　事实上，人类的记忆方式还有很多。除了大模型常用的这种思维链推理模式，还有不少值得探索和挖掘的潜能方式。如通过刷题，有些人可以看到题目就明确解决方案甚至直接写出答案，而不用再靠灵光一现去发现关键解决思路再进行逐步推演验证。

　　从某种意义来看，人类的理解记忆、联想记忆能力都帮助人类节省了大量的能源消耗，这或许是未来人工智能更需要着重学习的方向。如果一直按耗能的模式发展下去，很有可能会遇到一个无法继续提升的瓶颈。

12 人工智能会取代人类吗

在第三次人工智能热潮里，人工智能似乎已经无处不在，各行各业都在尝试用人工智能来替代某些传统元素，从而获得新质生产力。人工智能似乎无所不能，能听、能看、能说、能唱、能决策、能控制。但它是否能完全取代人类呢？

这可以从三个层面来剖析：（1）人工智能可以部分取代人类完成的工作；（2）人工智能能否完成人类所有的工作；（3）人工智能能否像人脑一样完成这些工作。

对于第一个问题，答案显然是肯定的。本书的内容正是在介绍这场正在发生的 AI 变革。对于后两个问题，答案却是否定的。这可以从五个主要层面来分析，包括人对自身的了解、人类的努力、人与自然进化的比较、对任务的形式化，以及耗能情况。

人能否完全了解自己呢？我们不妨想象一只只能在二维平面上行走的蚂蚁。如果这个二维平面实际上是一个莫比乌斯环（举例来说，将一个纸条一端扭转 180 度后再和另一端粘起

人工智能的边界

来，即可形成莫比乌斯环），蚂蚁又无法垂直于这个环走到环的边界，或者环的两侧边界在蚂蚁的认知中是无限的。那么，如果蚂蚁沿着莫比乌斯环一直向前爬，它会不知不觉地爬到环的背面，再爬回正面。当莫比乌斯环上缺乏任何可辨识位置的信息时，对蚂蚁而言，这个世界可能是没有尽头的，因为它没有办法脱离这个环来了解这个世界。但如果有一个高一维（即三维）的生物在观察蚂蚁，那个生物就会很清楚，蚂蚁其实生活在一个陷入死循环的特殊几何结构的世界里。

人类想完全了解自己，其中的原理与生活在莫比乌斯环上的蚂蚁类似。如果缺乏跳出这个环的能力，人类是无法完全了解自己的。就像孙悟空纵然能一个筋斗翻十万八千里，在五指山撒泡尿以证明到此一游，却最终还是没逃脱如来佛的手掌一样。既然自身都无法完全明了，如何让以人类为模仿主体的人工智能更了解人类呢？就更不用说要完全取代人类，形成与人类一样功能的强人工智能了，毕竟人工智能的设计主体还是人类。

再者，人工智能热潮中集聚了全世界最聪明的科学家，他们在为通用人工智能（AGI, Artificial General Intelligence）努力奋斗着。然而，这并不意味着其他领域或者以前的科学家就不聪明。在人类文明史上，每一项技术的突破都凝聚着同样聪明的科学家的智慧和努力。

目前的人工智能研究，可以用飞机与鸟来比拟。像鸟类一样飞行，一直是没有翅膀的人类的梦想之一。在 14 世纪末期，传说我国明朝的士大夫万户就曾将自制的火箭绑在椅子上。他两手各举一只大风筝，坐在椅子上（也有说法是他坐在一只仿制的飞鸟上），希望等火箭将他带上天后，可以用风筝滑翔着地。但当火箭点燃后，很不幸发生了爆炸，他成了牺牲者。他因是"第一个试图利用火箭飞行的人"而被世人铭记。

真正有意义的飞行始于 1903 年，莱特兄弟发明了飞机。自此以后，人类研发的飞机越飞越远、越飞越高，载客量也越来越大。但是，时间过了 120 多年，全世界那么多聪明人为飞机的设计做出过贡献，但至今尚未出现能够像真鸟一般飞行的仿生鸟。我们也还没仿制出如瓢虫或隐翅虫一般能效极高、想象力极丰富的飞行翅膀。

人工智能的发展过程与此有着相似之处。当今人工智能在性能上的大突破，主要归功于将不少人工智能任务聚焦于与鸟的飞行类似的单一指标上，即转化成预测任务或大模型里等同于预测的自回归来求解，而其他智能元素在现阶段或多或少被忽略了。这导致人工智能与人类的智能有着显著的不同。这也提醒我们需要有清醒的认识，即使投入了最聪明的科学家，也很可能会与研制飞机一样，虽然在模仿人类智能的某些方面取得巨大突破，但要模仿出像人一样的智能体，还为时尚早。

为什么会如此呢？不妨看看自然界的进化历程。生命在地球上已存在约 38 亿年，而现代人类——智人的出现时间不过30 万年。如果把生命的时间浓缩成一年，则人类文明的时间相当于 8 分钟多一点。虽然人类利用这点时间成了地球的绝对主宰，制造了大量的工具和建筑物，但和自然进化的生命相比，这些工具和建筑物在细节上仍然很粗糙，所谓慢工出细活。就拿吸管或针来说，虽然人类能做出尖锐的、中空的针，但在显微镜下观察，其结构仍然显得过于简单。相比之下，蚊子的"吸管"（口器）里藏着六根针，其中两根像刀片，两根像锯子，它们通过相互配合来割开皮肤，另外两根针里的唾液管负责吐出具有麻醉作用的唾液，而食管则负责吸血。其实也不止蚊子的口器如此复杂，仔细观察就会发现毒蛇的尖牙、蜘蛛的尖牙、蝎子的尾针等都有着更为复杂的显微图像。而噬菌体的结构，类似登月舱，不禁让人惊叹生命进化的精妙设计。

自然进化的生命还有一个人类至今也未能成功模仿的特点，那就是基因的按时表达能力。如果我们把双螺旋结构的基因看成是一段程序，这段程序里包含了我们大部分已解码成功的外显子和部分已经解读但还有很多未知内容的内含子。外显子和内含子的共同作用决定了人类的成长。这段程序比人类目前能编制的任何程序都要精妙。它发展出的很多功能像是装了定时器一般能够按时表达，但却没有无限制地延长自己的代码长度。相比之下，人类编制的代码还只能针对特定任务，来一个新任务还得重新编程。虽然大模型的"预训练 + 微调"的做法不需要对算法进行大的改动，但调参依然是一项艰巨的任务，且只能处理类似的科学问题。另外，我们设计的软件（算法）和硬件能否替代人脑？从算法层面看，目前主流的深度学习和生成式人工智能并未采用与人脑类似的形式。比如目前用于优化深度模型必备的反向传播算法或其变形体，并没有证据表明人类的大脑使用类似的机制进行推理和计算等。相反，这些算法更多的是从信息处理的角度模拟人脑的功能。

另一个被认为有希望模仿大脑的模型是脉冲神经网络。它模拟了生物神经系统中信号的传播方式，通过在突触间交换"神经递质"来传播脉冲信号。其主要的优势是耗能低、可塑性强，但目前表现出的性能还无法与深度学习这一主流技术媲美，甚至不得不通过借鉴深度学习的思路、背离其生物启发的初衷来增强其性能。而硬件模仿方面，虽然能见到号称与人脑神经元数量相仿的数字大脑的报道，但数字大脑要拥有与人脑相同的功能还言之过早。综合来看，要形成与自然进化媲美的智能体，人类还有相当长的路要走。

除此之外，要想让人工智能能够替代一切工作，我们还需要解决将问题形式化的任务。但正如 20 世纪 80 年代提出的莫拉维克悖论所言："人类觉得简单的，机器觉得复杂；人觉得复杂的，机器觉得简单。"从某种意义来上说，它表明还有相当一部分的工作无法形式化，也意味着人工智能不可能完成所有人类的工作。

另外，耗能问题也是亟待解决的问题。现在人工智能的性能突破，非常依赖散播在世界各地的显卡或 GPU 集群。它对电量的依赖，正快速逼近甚至超过人类在某地区可提供的最大电力负荷。反观人类，一天消耗的能量远低于人工智能在显卡时代的需求，却也能自如地进行快思维和慢思维，做着人工智能觉得困难的因果推断。

更何况，人工智能是人类设计的。而人类至今也没有弄明白人类最为紧要的意识从何而来。虽然能见到的关于意识的书籍已经不少，但还没有哪一本被公认是完全正确的。而人工智能如果要取代人类，那么意识的问题是必须弄明白的。但这个问题也许永远没有答案。

而人工智能，在没有解决这些问题之前，也许只能是一台没有灵魂的机器。然而，我们还是要保持警醒，如果不发挥人的能动性，不持续学习，假如真有一天人工智能全方位替代了人类的工作，人类很有可能不会因此变得更聪明，反而有可能会因为过分依赖人工智能而变得更低能。

后记

书名风波

　　我的朋友张君（张军平，下面简称为"张"）又写人工智能的书了，他给我看了看书稿，我一看书名是《人工智能的极限》，不禁产生疑惑。在数学上，"极限"二字往往使人想起一个无穷过程，想起epsilon 和 delta。当 n 趋于无穷大时，1/n 的极限就是 0。怎么能用作书名呢？在这个疑惑的驱动之下产生了张君和我的如下对话。现在写下来供读者参考。其中张君的意见大多是他和出版社编辑讨论以后提出来的。

　　我　为什么用这个书名？人工智能和极限有什么关系？我觉得书名《人工智能的极限》似乎不太符合书的实际内容。如果从书稿的三部分内容来看，改成比如说《人工智能的奇妙应用、当前困境和未来展望》是否更贴切一些？

　　张　选《人工智能的极限》为书名，是想突出目前人工智能存在的问题，其中有些可能解决不了。而且不要忘了书名后面还有两个小标题"无处不在"和"无所不能"，这都是人工智能的特点。

　　我　既然人工智能无所不能，那么为什么还会有"可能解决不了的问题"呢?

张　你误会了！"无所不能"后面还有一个问号呢。意思就是质疑——人工智能真的无所不能吗？不过你的建议很好，我和编辑商量一下。

张　商量过了，参照你的建议，我们准备改成《人工智能的极限：无处不在，无所不能，未来无限？》。你看怎么样？

我　这是一个矛盾的书名。既然人工智能是无处不在、无所不能、未来无限，那还有什么极限？还不如再改一个字，成为《人工智能无极限：无处不在，无所不能，未来无限》。

张　你看这样改可以不？《人工智能的应用、局限与反思（小标题也许可以是：无处不在！无所不能？如何共存！）》，但感觉标题太长了，有点像报告用的题目。谢谢！

我　谢谢你接受我的意见。你起的这个名字好像又太严肃了一点。我建议稍加修改为：《人工智能：无处不在的应用，无法绕过的门槛，无限风光的前景》。

张　谢谢，您建议的题目也不错。但是封面可能放不了这么多字，而且大标题是什么呢？如果只有"人工智能"四个字，似乎无法凸显书的内容。

我　若要简单就改成：《人工智能：应用，门槛和前景》。稍微复杂一点可用：《人工智能：应用掠影，难题需解，前景灿烂》。

张　我还是说说我之前用的小标题，当时那么写是因为我有比较好的英文对应。"应用无处不在"对应 Ubiquitous，"真的无所不能？"对应 Omnipotent？（加个问题），"前景无限"对应 Infinite。刚好能用上三个不错的英文形容词。这是我对标题的思考，供你参考。

张 我们综合考虑了您的建议，然后把书名的大标题换成《何以人工智能》，这样就能把书的内容都涵盖进来了。以下是对书名的解读，供您参考。

优点是：1. 引发思考；2. 简洁明了；3. 涵盖范围广泛。书名《何以人工智能》能够很好地将这些内容统摄起来，涵盖了人工智能的本质、能力边界以及未来发展的诸多方面，具有很强的包容性。

深层奥义是：1. 探索本质；2. 审视价值与边界；3. 展望未来。4. 哲学与人文思考。这些问题都蕴含在书名的深层含义之中，使这本书不仅是一本关于技术的科普读物，更是一本引发哲学和人文思考的作品。

（注：张君对优点和深层奥义有详细的解释，因篇幅关系在这里从简了。）

我 我思考过了，不反对书名《何以人工智能》。按我的理解。"何以"是"为什么"的意思。"何以人工智能"可以理解为"为什么是人工智能？"，后面可以连上不同的内容。

张 跟编辑部又讨论了一下，他们担心"何以人工智能"这个名字，会让读者看不懂这本书到底要讲什么。我们又换了个名字"人工智能的真相"或"人工智能真相"。小标题不变。

以下是智能助手 KIMI 对这个书名的解读，供你参考。

《人工智能的真相》这个书名简洁而富有深意，能够激发读者的好奇心和探索欲。以下是对这个书名的深层奥义分析：

1."真相"引发的好奇心；2."人工智能"的多面性；3."真相"背后的思考。4. 书名的吸引力。

总结：《人工智能的真相》这个书名简洁而富有深意，它不仅揭示了人工智能的技术本质和应用现状，还探讨了其伦理问题和未来发展方向。通过强调"真相"，这本书旨在帮助读者建立对人工智能的正确认知，避免被误导，同时引导读者思考如何在人工智能时代更好地生活和发展。

（注：KIMI 生成的观点很长，以上文字也已经简化了。）

我 觉得书名《人工智能的真相》也不一定好，因为人工智能并不是伪科学，并没有对世人进行欺骗。并不需要你的书来揭露。至于书的第三部分是谈未来，更谈不上什么是真相了。

我觉得还不如叫《人工智能揭秘》，也许更能符合所有三部分的内容。

张 谢谢你！之前我也想过"揭秘""揭谜"，但感觉这两个词有点像地摊文学上常见的。现在离出版还有一段时间，我再考虑下有没有更合适的书名。

张：我们又想了一个书名《人工智能的边界》，感觉这个似乎更合适些，您看如何？

我 我觉得这个书名比以前想到的都要好。

张 谢谢你！

看来要找一个大家都认可的书名也不容易。所以我把推荐语的题目定为"书名风波"。不过这场风波仅仅是思想和观点的交锋，顶多也只能算是"茶杯里的风波"。但它的意义并不小。读者在品味过这杯有"风波"的茶以后，一定会对这本书有自己的独特印象了。

陆汝钤

中国科学院数学与系统科学研究院

名词解释

第一部分　人工智能能做什么

1　人工智能与基础学科

人工智能（Artificial Intelligence）　1956 年首次出现在达特茅斯会议上，由麦卡锡申请该会议的经费时正式提出。

阿兰·麦席森·图灵　1912 年 6 月 23 日—1954 年 6 月 7 日，英国数学家和逻辑学家，被称为人工智能之父和计算机科学之父，提出了图灵机、图灵测试。

图灵机　1936 年由图灵提出，希望模拟人类的智能行为的假想机器，其中包含了程序和阅读程序的机器。

数学定理自动证明　通过人工智能方法对数学定理进行证明。

逻辑学家　人工智能先驱纽维尔和西蒙发明的程序，目的是用机器证明数学原理，1956 年在达特茅斯会议上演示了该程序。

数学机械化　由中国人工智能学者吴文俊院士首创。起源于中国古代传统数学，是对数学问题的机械化，即要求在运算或证明过程中，每一步都有确定的下一步。（参考吴文俊著《数学机械化》）

LEAN 定理证明器　一种辅助证明数学定理的软件，允许用户把注意力集中在数学问题本身，而非编程的细节。该项目是 2013 年由 Leonardo de Moura 在微软研究院时启动，为开源项目，其版本一直在更新。

AlphaProof、AlphaGeometry　谷歌研发的算法，分别用于数学定理证明和几何问题研究的模型，2024 年 7 月推出。

Maple、Mathematics、Splus、SPSS　一些数学、统计专业常用的分析软件。

机器学习　人工智能的一个分支，曾独立成为一门应用驱动的学科。在第三次人工智能热潮中，可以认为又回归到人工智能大的范畴里。依其定义，是要有一个系统，能通过学习改善其性能。

支持向量机（Support Vector Machine）　由统计学习先驱者万普尼克提出，旨在通过寻找能分离两类的最大间隔来实现最优分类，而落在最大间隔上的样本点称为支持向量。

随机森林　一种集成学习方法，通过利用多个子学习器在预测上的差异性，采用类似少数服从多数的策略，来提高学习器的预测性能。

深度网络　"深度"概念于 2006 年由杰弗里·辛顿提出，后泛指有深层结构的神经网络。不严格来说，也可称为深度学习。

多项式时间　指求解一个问题的计算时间不大于问题规则的多项式倍数，是算法复杂度分析中的一个概念。

指数级时间　指求解一个问题的计算时间会随问题的规模增长呈指数增长。

强化学习（Reinforcement learning）　指智能体（Agent）在与环境的不断交互过程中，通过回报的最大化来强化（增强）策略的学习或执行最优动作。

量子比特　与传统计算机的 0 和 1 两个状态不同，量子比特具有叠加态，是 0 和 1 的任意线性组合，且还具有纠缠性。利用其叠加态和纠缠性，量子计算可以实现高效并行计算。

模拟退火算法　模拟固体物质的退火过程，当对固体加温时，固体内部粒子的运动状态会转为无序，随着温度降低，又会逐渐趋于有序，最终达到平衡态。在人工智能里，常用于超参数的优化学习。

DENDRAL　被认为是最早的专家系统，1968 年由人工智能学家费肯鲍姆带领其团队完成，旨在实现化合物分子结构的推断。

大语言模型（Large Language Model）　该模型通过将

自然语言分解成令牌，引入多头注意力来描述令牌之间的关联性，并加入位置信息来自回归学习令牌出现的规律。通过大语料学习后，能发现最匹配的单词对，合乎规律的语句对等特性。

令牌（Token） 为大语言模型的基础单元。如预训练 Pre-train，则前缀 Pre 是一个 token，train 是另一个 token。

预训练 为大语言模型训练的一种方式，可以在利用海量数据的前提下，对模型进行先期训练，获得近优的模型参数。如果出现新的任务，则只需要在已经获得近优的模型参数上，根据新任务的数据进行精调即可。通过此方式，可以节省训练时间，避免从无到有的费时训练。

AlphaFold 蛋白质结构预测系列，常称为阿尔法折叠，由 DeepMind 公司基于深度神经网络研发，最早研发的时间在 2017—2018 年。

AI4S AI for Science 的缩写，指人工智能驱动的科学研究，旨在利用数据、人工智能算法、算力来赋能科学研究。

MYCIN 系统 1972 年由斯坦福大学开始研发，1978 年完成。该专家系统的目的是帮助医院对住院的血液感染患者做诊断和建议进行治疗的抗菌类药物。该专家系统基于规则，包含知识库、推理引擎、解释系统和知识获取组件。在当时比大部分方法给出的治疗方案要好，但没有被用于实践之中。

ChatGPT（Chat Generative Pre-trained Transformer） 中

文全称为聊天生成式预训练转换模型，由 OpenAI 于 2022 年底提出，在 2023 年 4 月左右正式发布，由于其出色的对话性能，随后引发了大语言模型的百模大战。

多模态　多模态常指可以利用的数据源有多个不同的渠道，如图像、语音、语言等就分属于不同的模态。

图神经网络　图神经网络的结构中，每一层是一个由若干节点和边组成的图。图神经网络由多层图构成。

CVPR　全称是 IEEE/CVF Conference on Computer Vision and Pattern Recognition，国际计算机视觉与模式识别领域会议，每年举办一次。

数字人　基于人工智能技术生成，有基于真人或拟人两种方式，能融入动作、表情、语音等，可以实现与用户的交互。

生成式人工智能　指通过人工智能方法生成新的内容，如图像、语音、视频、文字等，也有另一流行语 AIGC，即人工智能生成内容。常用的算法包括生成式对抗网络和扩散模型。

转换模型（Transformer）　于 2017 年由谷歌公司 8 位研究人员联合提出，该模型中强调了注意力对自然语言理解的重要性。随后发展的大语言模型均以此模型为基础，并开始了预训练＋精调的模型学习方式。

分类　将数据按标签进行分类。如人脸识别，将人脸图像分成张三、王五、李四的，就是分类任务。

聚类　根据数据的特性，在没有标签的情况下，进行归类。

回归　学习数据与连续值之间的关系。如股票预测，根据某只股票的各种特征，预测其股价，就是回归。

提示词　在生成式人工智能里，提示词相当于文本线索，能让算法推测并生成相应的图像、视频或文本等。

联邦学习　联邦学习是为了能利用处于数据孤岛的数据，在保护隐私，确保数据不离开原机构的前提下，通过人工智能算法从数据孤岛里的数据中获得更全面的画像。在金融领域有重要应用价值。

稳定扩散模型　Stable Diffusion Model，生成式人工智能的代表方法之一。其原理是通过逐步增加高斯噪声到图像中，让模型学习从原始图像退化至均匀噪声的过程及每一时刻的变化，然后基于这些变化，再反过来从均匀噪声还原原始图像。前者可以显式求解，有清楚简洁的公式推导；后者由于过于复杂，常用神经网络学习获得。一旦完成学习，通过改变其中的参数或引入新的条件参数，便可以生成新的图像。该模型于2020 年正式提出。

U-net 网络　一种深度神经网络，主要特点是从输入到输出，采用了多尺度的分辨率来分别搭建分支网络。分辨率的不同，导致由大到小的分辨率构成的分支网络在结构上形成 U 形，故被称为 U-net 网络。

SDXL（Stable Diffusion）　稳定扩散模型的加强版。

Midjourney　文生图像的人工智能绘画工具，2022 年 3 月推出，创始人为 David Holz，他在 2011 年创办了手势识别相关的 Leap Motion 公司，曾轰动一时。

Sora　为 OpenAI 在 2024 年 4 月推出的文生视频软件，其英文名取自日文"空"的意思。由于其逼真的视频生成能力，常被称为世界模拟器。

Suno　文生音乐软件，2024 年 4 月左右推出。该软件包括通过提示词生成歌词的模块；通过语音合成旋律恰当歌声的模块；根据文字描述和歌声形成伴奏的音乐生成模块。

步态分析　人的走路姿势有唯一性，可以当成远距离身份识别的方式，称为步态识别。步态分析通常指人的两条腿的走路或跑步的特征分析。但在人工智能领域，有的时候会把在运动过程中人的整体的变化统称为步态，并从人体提取轮廓或骨架特征来进行随后的分析。

Copilot　微软公司推出的，在 Office 基础上引入大语言模型后开发的人工智能办公软件。

WPS Office　北京金山软件有限公司推出的办公软件套装，目前会员版已经接入大模型的功能。

众包（Crowdsourcing）　在人工智能领域有多个用处。如数据集的标注，就可以通过让网民来分别标注若干数据，最后再合成形成数据集的完整标注。由于其可能存在标注不严谨、恶意标注问题，众包问题曾被深入研究。

人工智能的边界

2　人工智能实际应用

Deepfake　一种基于生成对抗模型的人工智能方法。它可以通过学习，将声音、面部表情及身体动作等合成以假乱真的内容，如人工智能换脸、语音模拟、人脸合成、视频生成等。

行人重识别（Person Re-identification）　常简称为 ReID。该方法利用计算机视觉技术或人工智能技术来识别行人在不同摄像机、不同视角、不同衣着情况下的身份。

排序学习（Learning-to-rank）　通过综合多个与排序相关的特征，来对搜索后的结果进行排序，常用于信息检索领域，如广告推荐、电影推荐等。

L4 级自动驾驶　L4 级自动驾驶是指在特定环境和条件下，车辆无需人类驾驶员的干预，能做到完全自主执行驾驶任务和监控驾驶环境。

蒙特卡洛树搜索（Monte Carlo Tree Search, MCTS）　一种以概率和统计理论为基础的计算机方法，通过使用随机数或伪随机数来解决计算问题，以便于预测复杂的趋势和事件。现代蒙特卡洛树搜索借助了计算机的高效计算能力，获得了简单、快速的优势。对于那些计算过于复杂且不易找到解析解的问题，它可以有效地求出数值解。阿尔法狗在使用蒙特卡洛树搜索时，引入了策略网络（policy network）来减少搜索的宽度，通过价值网络来减少搜索的深度，从而大大提高了下围棋时的效率。

过程控制　连续生产过程中的自动控制。工业中，常以温度、压力、流量、液位等为参数，来实现对任务的自动控制。

天网　本书中指国内发展的智能监控系统，它通过物联网、云计算、人工智能等对公共交通、商业居民小区和企事业单位获得的数据进行实时监控和综合分析，以辅助维护城市治安和管理。

机器翻译　利用人工智能算法将一种语言翻译成另一种语言。通常它需要具备自然语言处理和不同语言之间对齐的能力。

时间序列数据　简称时序数据，即它可以表示成按时间顺序排列的数据。它反映了数据随时间变化的规律。

3　意想不到的人工智能应用

图像分割算法　目标是将图像按目标来实现分割。通常会假定目标是连续、无洞的，目标与背景、目标与目标之间有明显的边界。

SAM（Segment Anything Modes，SAM）　分割一切模型。2023 年由 Facebook 改名后的公司 Meta 研发。该模型首次建立了十亿级规模的图像掩码。这些掩码是通过用点、框、掩码和文本对图像进行标注，利用深度模型学习获得。该模型问世后，让图像分割性能得到显著提升。

庄周梦蝶　　出自战国·庄周《庄子·齐物论》。传说庄周有次做梦，梦见自己变成一只蝴蝶，忘记了自己是庄周。等他突然醒过来时，不太确信到底是自己在梦中变成了蝴蝶，还是蝴蝶在梦中变成了自己。

缸中之脑　　缸中之脑是 1981 年由美国哲学家希拉里·普特南在其书《理性、真理与历史》中提出。书中假定，一个人的大脑如果被邪恶科学家切了下来，放在能维持脑存活的营养液里，再将大脑神经末梢与计算机相连。计算机会按程序向大脑发送信息，让它以为自己还活在真实的世界里，有手有脚，有记忆。问题是，如何证明我们生活的世界是真实的，我们的记忆、感知是否可靠。或更直白点，我们如何确定自己没有生活在虚拟现实里。

虚拟现实（Virtual Reality，VR）　　其概念于 1989 年由美国 VPL 研究公司创造人杰伦·拉尼尔（Jaron Lanier）首先提出，我国科学家钱学森在 1990 年将 VR 翻译成"灵境"。虚拟现实常指利用计算机、显示技术、仿真技术、多媒体技术等形成的虚拟世界。在该世界里，可以让人产生身临其境的多感官体验。

遥操作　　模仿学习的一种。其在设计智能机器时，会同时做一台便于人操作、具有相同功能的机器。人在相同功能的机器上进行示范，智能机器会根据传感器感应到的人类动作、力度等参数进行学习，最终达到与示范者相同的能力，并可以执行相同的操作。这种学习方式常被称为遥操作。

智能看护 利用人工智能技术，以及智能监测设备来实现对行动不便、身体有恙的人的照顾和看护。

版权盾（Copyright Shield） 是由 OpenAI 公司在研究 GPT-4 Turbo 时提出的，旨在让用户放心使用其大模型，生成的成品不必担心侵犯版权。

第二部分 人工智能不能做什么

达特茅斯会议 1956 年 8 月在美国达特茅斯学院举办，该会议在当时云集了人工智能领域的先驱者，包括约翰·麦卡锡（John McCarthy）、马文·明斯基（Marvin Minsky）、克劳德·香农（Claude Shannon）、艾伦·纽厄尔（Allen Newell）、赫伯特·西蒙（Herbert Simon）等。会议持续了两个多月，产生了多项指引人工智能发展的重要观点，被普遍认为是第一次人工智能浪潮的起点。

情感机器 马文·明斯基撰写的人工智能科普书，主要是针对人类情感的思考。他从其提出的框架理论出发，分析了情感的构成。

框架理论（Frame Theory） 由马文·明斯基提出。在框架理论下，智能可以分解为若干组件的集合。该理论可以视为人工智能后期发展的知识图谱的雏形。

迁移学习　人工智能或机器学习的一种学习方法。可以将在一个数据集上学习好的模型迁移到另一个完全不同的数据集上去执行相关任务。在迁移中，常会假定两个数据集具有相同的特性，如分布相同。

鸡尾酒会效应　常指人在鸡尾酒会上，能在一群人的聊天中比较方便地只听到其中一人的声音，而自动过滤掉其他人的声音。它属于音源分离问题。目前如何让计算智能也实现有效的音源分离仍是一个难解决的问题，尤其是当音源数量未知时。

端到端（End-to-end）　深度学习的基本学习模式，认为从特征的表征学习到预测，都应该在模型内一次完成，而不要像传统机器学习一样，采用先学习特征，再对预测模型建模的两步走方案。

压缩传感（Compressive sensing）　其目的是希望最大程度压缩数据在输入特征层面的冗余，从而减少数据在传输过程中必须进行压缩和解压缩的环节。

香农第一定理　又称为奈奎斯特采样定理（Nyquist Sampling Theorem）。为了不失真地恢复模拟信号，采样频率应该大于或等于模拟信号频谱中最高频率的 2 倍。此定理于 1928 年由美国数学家哈里·奈奎斯特提出，而后在 1949 年由信息论之父克劳德·香农完善。

Umwelt　由 Jakob von Uexkull 和 Thomas Sebeok 分别于 1957 年和 1976 年提出的"符号学理论"，源自德语的环境和周边事务的单词 Umwelt，指在人或非人动物在交流和意义的研究里最为核心的生理学基础。

注意力　指输入元素与输出元素之间的关系。如从输入图像中得到需要关注的输出目标。比如人看到洗脸台后，一眼就注意到台上的洗手液，就是一种注意力。

自注意力（Self-attention）　其目的是为了能充分利用输入元素或输出元素之间的相互关系。比如在一句话的单词与单词之间建立自注意力。Transformer 为了能提高捕捉自注意力的能力，一般会在单词或更细粒度的 Token 上增加三个线性变换：Q（Query，查询）、K（Key，键）、V（Value，值）。通过这种操作来获得好的注意力。

多头注意力　一般是通过设置不同的 Q 值来完成，每个 Q 负责发现不同类型的相关性。

蝴蝶效应（butterfly effect）　一般认为是一种混沌现象（Chaos）。即事物在发展过程中存在大量不可测的因素。最终会使得在初始条件引入一个很小的变化，就可能通过链式反应形成巨大且长期的影响。

归纳偏置（Inductive bias）　常指人工智能学习算法对模型引入了一定的偏好选择的先验性假设或者限制。其潜在的风险是算法的公平性或合理性可能会受影响。

幻觉（Hallucination） 常指人工智能大模型算法做出的自信反应，但却与其训练数据不相符合。在大语言模型中尤其常见。

过完备空间（Overcomplete Space） 常指人工智能算法为了能更好地寻找最优解，会有意学习一个远大于必要的特征空间。

没有免费的午餐（No lunch free） 没有付出，就没有收获。从人工智能算法的角度来看，可以认为一个算法的获利必然是以牺牲了其他某些性能换来的。

CFFF 全称为 Computing for the Future at Fudan，到2024年年底，仍是国内高校最大的云上科研智算平台，由复旦大学和中国电信共同部署建设。

蒸馏学习（Knowledge Distillation） 学生模型，通过接收来自教师模型的监督信息，并将其迁移过来，从而实现在较小模型情况下，获得与教师模型相同或相近的性能。

解耦学习（Disentangled Representation Learning） 将数据中因为采样导致纠缠在一起的复杂生成因素分离开来，使得每个潜在变量仅对单一生成因素敏感，而对其他因素保持相对不变，称为解耦表征学习，简称解耦学习。它能提高模型的学习性能、可解释性和推广能力。

感知机（Perceptron） 人工神经网络的雏形，罗森布拉特于1957年提出。它是一种简单的前馈神经网络，没有反向传播的优化过程。输入为实例或样本的特征向量，输出是其类别，取 +1 或 −1 两个值。通过有标签的数据，感知机能学习出可线性划分数据的分离超平面。

异或问题　XOR 问题，其运算规则为，如果两值相同，则异或结果为 0，否则为 1。以二分类问题为例，如果（0，0）、（1，1）是二维坐标轴上的两个点，异或运算后为 0，属于第一类;（1，0）、（0，1）运算后为 1，属于另一类；这两类共四个点不能用一条直线划分开，即无法分类。

1- 近邻分类器（1-nearest neighborhood classifier）　对未知数据进行分类时，第一个最近的训练数据对应的标签，即是未知数据的类别。这种方法称为 1- 近邻分类器。

贝叶斯误差率（Bayes error rate）　是对随机结果的任意分类器可获得的最小可能误差率，也可以理解为不可约减误差。

无偏估计　是指用样本统计量来估计总体参数时的无偏推断。如果估计量的数学期望与被估计参数的期望值相等，则称该估计量是被估计参数的无偏估计。

有偏估计　指样本值求得的估计量与被估计参数的真实值存在系统误差，即期望值与真实值是不同的。

偏最小二乘方法（Partial least square method）　简单来说，就是通过统计方法将自变量和因变量投影到另一个空间来寻找两个变量之间的最小差异。

岭回归（Ridge regression） 一种改良的最小二乘方法，通过放弃无偏性和损失部分信息来获得更符合实际情况的回归系数估计。

自然三次样条 样条函数是具有一定光滑度的分段多项式函数。自然三次样条是其中的一种。

退化函数 此处的退化函数指的是信息在被观察前，会因为某些原因导致信息产生退化。比如拍照时，相机散焦是一种退化现象。相应的散焦的数学表示就是退化函数。

存算一体（Computer-in-memory） 一种新型计算架构，旨在通过将存储和计算功能集成在一起，突破冯·诺依曼架构中存储与计算分开引发的存储墙和功耗墙的问题，能显著提高计算效率和能耗比。

认知心理学（Cognitive psychology） 主要研究人的认知过程。不过在人工智能领域，一般指信息处理心理学。

本体论（Ontology） 在计算机领域，一般认为是对概念化的精确描述，由斯坦福大学的 Gruber 于 1995 年提出。它被认为是语义网、知识图谱的前身。

弱人工智能 指那些看起来像有智能，但不能进行真正的推理和问题解决，也没有自主意识的智能机器。

强人工智能 指具有自己的世界观、价值观等，有自我意识，能独立思考的智能机器。

第三部分　人工智能 / 人类的未来

边缘计算（Edge computing） 一种分布式计算模型，通过靠近物或数据源头的本地设备和网络来进行计算，以便减少网络延迟和数据传输成本。

Waymo 无人车 2021 年开始在旧金山进行无人车测试。2023 年 8 月，与另一家无人车公司 Cruise 一起被批准在旧金山提供全天候无人驾驶出租车服务。

提示词工程师（Prompt engineer） 专门负责设计和优化大模型需要的提示词，以提高大模型生成内容的质量和缩短其响应时间。

模仿学习（Imitative learning） 通过人类示教，来帮助智能体实现更有效的学习。当观察者行为与示范者行为一致，并获得足够多的强化时，就能让观察者学会模仿。模仿学习由美国心理学家多拉德和 N.E. 米勒提出。

混合增强智能（Hybrid-augmented intelligence） 指将人的作用或认知模型引入人工智能系统，与人工智能相辅相成，既能增强人工智能的性能，也能增强人类的能力。

人在回路（Human-in-the-loop） 一般指人与机器处在同一个闭环系统里，人机存在相互作用。

认知机（Cognitron） 日本科学家福岛邦彦于 1975 年提出认知机，这是一种自组织的多层神经网络。

人工智能的边界

新认知机（Neocognitron）1979 年经福岛邦彦改进后提出的新认知机。该模型模仿了大脑的多层结构，以及由简单到复杂、再从复杂到简单的设计模式，其中包含了卷积层和池化层的雏形。

卷积神经网络（Convolutional neural network）尽管有不少学者在这一领域做出贡献，但一般认为杨立昆（Yann LeCun）是卷积神经网络的提出者，其方法于 1989 年提出，称为 LeNet 网络。与新认知机最大的不同是引入反向传播算法。

具身智能 指智能系统或机器能通过感知和与环境交互，来实现实时互动。其最大的特点，是需要有实体。通常包括感知层、交互层和运动层三层。

信息茧房 指人们在信息获取过程中，由于某些因素的影响，如人工智能推荐算法的偏好，容易被困在同质化的信息环境中，导致无法获得多样化的信息来源。

零样本学习（Zero-shot learning）即识别出从未见过的数据类别。一般是在训练阶段，利用已经有标签的数据，学习出一个特征空间。在测试阶段，可以将新类别映射至该空间，并利用已有类别的信息来预测新类别的标签。

少样本学习（Few-shot learning）与零样本学习密切相关的还有少样本学习。该方法只用少量样本来帮助预测新数据的正确类别。

莫比乌斯环（Mobius band）一般也称为莫比乌斯带。

265

它是一种特殊的拓扑结构。可以用一张纸条扭转 180 度后，再将两头粘接而成。其主要特点是，莫比乌斯带实际上只有一个面。另外，其左右是相连的，因而没有明确的左右方向。也无法在曲面上找到连续的法向量场，因为沿曲面走一圈后，方向就反了。因此，它是一个不可定向曲面。

通用人工智能（Artificial General Intelligence） 指具有高效的学习和对未知数据准确预测的泛化能力，能根据环境的不同来自适应调整并完成任务的通用人工智能体。但它与强人工智能是否相同一直存在争议。

图书在版编目（CIP）数据

人工智能的边界 / 张军平著. -- 长沙 ： 湖南科学
技术出版社，2025. 8. -- ISBN 978-7-5710-3497-9

Ⅰ．TP18

中国国家版本馆 CIP 数据核字第 2025W51C59 号

RENGONG ZHINENG DE BIANJIE

人工智能的边界

著　者：张军平
绘　者：罗　棘
出 版 人：潘晓山
责任编辑：邹　莉　刘羽洁
出版发行：湖南科学技术出版社
社　　址：长沙市芙蓉中路一段 416 号泊富国际金融中心
网　　址：http://www.hnstp.com
湖南科学技术出版社天猫旗舰店网址：
　　　　　http://hnkjcbs.tmall.com
邮购联系：0731-84375808
印　　刷：湖南省众鑫印务有限公司
　　　　（印装质量问题请直接与本厂联系）
厂　　址：湖南省长沙市长沙县㮾梨街道梨江大道 20 号
邮　　编：410100
版　　次：2025 年 8 月第 1 版
印　　次：2025 年 8 月第 1 次印刷
开　　本：880 mm×1230 mm　1/32
印　　张：9
字　　数：162 千字
书　　号：ISBN 978-7-5710-3497-9
定　　价：68.00 元